油(气)层物理学实验指导书
YOU(QI)CENG WULIXUE SHIYAN ZHIDAOSHU

王金杰　张冬梅　编著

图书在版编目(CIP)数据

油(气)层物理学实验指导书/王金杰,张冬梅编著. —武汉:中国地质大学出版社,2023.4
ISBN 978-7-5625-5552-0

Ⅰ.①油… Ⅱ.①王… ②张… Ⅲ.①油层物理学-实验-高等学校-教学参考资料
Ⅳ.①TE311-33

中国国家版本馆 CIP 数据核字(2023)第 058827 号

油(气)层物理学实验指导书			王金杰 张冬梅 编著
责任编辑:周 旭 胡 娟		选题策划:易 帆	责任校对:何澍语
出版发行:中国地质大学出版社(武汉市洪山区鲁磨路388号)			邮政编码:430074
电 话:(027)67883511		传 真:(027)67883580	E-mail:cbb@cug.edu.cn
经 销:全国新华书店			http://cugp.cug.edu.cn
开本:787毫米×1092毫米 1/16		字数:192千字	印张:7.5
版次:2023年4月第1版			印次:2023年4月第1次印刷
印刷:武汉中远印务有限公司			
ISBN 978-7-5625-5552-0			定价:28.00元

如有印装质量问题请与印刷厂联系调换

前 言

油、气、地层水等多相流体在储层中的物性参数,是石油地质勘探、储层评价、油气田开发、油藏工程研究中重要的基础数据,油(气)层物理学实验是获取这些数据的主要手段。油(气)层物理学是石油类专业骨干课程之一,是本科生必修课程,具有概念多、实验性强、较抽象的特点。本实验指导书采用实验室分析方法,通过分析岩芯及油、气、水样或物理模型,研究储油(气)岩石的物理性质、流体在地层条件下的物化特性及物化过程(如相态和体积特性)、岩石系统与流体间的分子表面性质和作用、流体的驱替机制、油气采收率等。本实验指导书根据油(气)层物理学教学实验的需要编写,同时可用于渗流力学等课程的实验教学,实验方法参考了石油天然气行业标准及国内外相关教学材料。本实验指导书将介绍油(气)层物理学相关实验原理、常用技术,以及岩石流体相互作用情况下各参数的测定方法,实验内容可分为操作实验、演示实验和设计类实验,旨在全面提高学生对油(气)层物理学基本理论的理解能力和应用所学知识分析问题及解决问题的实际应用能力。

本实验指导书内容安排如下:

第一章 油(气)层物理常用实验技术。主要介绍常规仪器的使用方法,包括玻璃仪器的洗涤,常用度量设备及记录方法,岩石铸体制作流程,以及干燥箱、马弗炉、蒸馏水仪、电脱水仪、岩芯抽真空饱和流体装置的使用方法等。

第二章 储层岩石物性参数的测定。主要介绍储层岩石基本物性参数的测定方法及原理,包括孔隙度、渗透率、比表面积、矿物组成、总有机碳含量的测定,以及岩石扫描电镜成像、微观结构扫描测试(CT)和粒度组成分析等。

第三章 储层流体物性参数的测定。主要介绍储层流体的物性参数测定方法,包括天然气组成分析、原油烃组分分析,原油黏度、密度、油水界面张力、地层流体高压物性的测定,以及流体流变性分析等。

第四章 储层岩石—流体交互作用物性参数的测定。储层岩石为多孔介质,流体多充填于岩石孔隙。油田开采过程中流体在岩石中的运移过程涉及多种现象,此部分主要介绍岩石润湿性、流体饱和度、相对渗透率曲线、毛管力曲线、等温吸附曲线的测定,储层敏感性分析以及核磁共振实验方法介绍等。

目 录

第一章 油(气)层物理常用实验技术 ……………………………………… (1)

- 第一节 玻璃仪器的洗涤 ……………………………………………………… (1)
- 第二节 常用度量设备及记录方法 …………………………………………… (2)
- 第三节 岩石铸体制作流程 …………………………………………………… (8)
- 第四节 干燥箱的使用方法 …………………………………………………… (11)
- 第五节 马弗炉的使用方法 …………………………………………………… (12)
- 第六节 蒸馏水仪的使用方法 ………………………………………………… (14)
- 第七节 电脱水仪的使用方法 ………………………………………………… (16)
- 第八节 岩芯抽真空饱和流体装置的使用方法 ……………………………… (19)

第二章 储层岩石物性参数的测定 ………………………………………… (23)

- 第一节 岩石孔隙度的测定* …………………………………………………… (23)
- 第二节 岩石克氏渗透率测定 ………………………………………………… (27)
- 第三节 岩石比表面积的测定 ………………………………………………… (29)
- 第四节 岩石矿物组成的测定 ………………………………………………… (32)
- 第五节 岩石总有机碳含量的测定 …………………………………………… (34)
- 第六节 岩石扫描电子显微镜成像 …………………………………………… (39)
- 第七节 岩石微观结构扫描测试(CT) ………………………………………… (42)
- 第八节 粒度组成分析 ………………………………………………………… (43)

第三章 储层流体物性参数的测定 ………………………………………… (51)

- 第一节 天然气组成分析 ……………………………………………………… (51)
- 第二节 原油烃组分分析 ……………………………………………………… (51)
- 第三节 地面脱气原油黏度的测定 …………………………………………… (51)
- 第四节 地面脱气原油密度的测定 …………………………………………… (56)
- 第五节 油水界面张力的测定* ………………………………………………… (58)
- 第六节 地层原油高压物性的测定 …………………………………………… (60)
- 第七节 流体流变性分析 ……………………………………………………… (68)

第四章　储层岩石—流体交互作用物性参数的测定 …………………………………（73）

　　第一节　储层岩石润湿性的测定 ……………………………………………………（73）
　　第二节　岩石中流体饱和度的测定* ………………………………………………（78）
　　第三节　相对渗透率曲线的测定 ……………………………………………………（80）
　　第四节　毛管力曲线的测定 …………………………………………………………（88）
　　第五节　等温吸附曲线的测定 ………………………………………………………（91）
　　第六节　储层敏感性分析 ……………………………………………………………（94）
　　第七节　核磁共振实验方法介绍 ……………………………………………………（108）

致　谢 ………………………………………………………………………………………（113）

主要参考文献 ……………………………………………………………………………（114）

注：附 * 标识的为油（气）层物理学教学必做实验，其他实验可用于相关课程的实验教学指导及提升学生综合能力的自主实验设计，如渗流力学、提高采收率及自主创新项目等。

第一章　油(气)层物理常用实验技术

本章主要介绍油(气)层物理实验中一些必需的准备工作及相关仪器的原理和使用方法,主要包括玻璃仪器的洗涤,常用度量设备及记录方法,岩石铸体制作流程,干燥箱、马弗炉、蒸馏水仪、电脱水仪、岩芯抽真空饱和流体装置的使用方法。

第一节　玻璃仪器的洗涤

油(气)层物理实验过程中常会用到很多玻璃仪器和器皿。欲使实验数据准确,玻璃仪器与器皿的清洗和干燥是非常重要的,尤其在做一些表面性质的实验时,所用玻璃仪器的表面清洁程度会影响实验结果。常规洗涤是利用各种洗涤液,通过物理和化学方法,除去玻璃器皿上的污物。根据实验要求和仪器的性质须采用不同的洗涤液和方法。

一、洗涤步骤

(1)用水刷洗:首先使用用于各种形状仪器的毛刷,如试管刷、瓶刷、滴定管刷等,用毛刷蘸水刷洗仪器,然后用水冲去可溶性物质并刷去表面黏附灰尘。

(2)用合成洗涤液刷洗:餐具洗涤剂是以非离子表面活性剂为主要成分的中性洗涤液,可配置成1%～2%的水溶液刷洗仪器,也可用5%的洗衣粉水溶液刷洗仪器,这两种溶液均具有较强的去污能力,必要时可温热或短时间浸泡。

洗涤后的仪器倒置时,水流出后器壁应不挂小水珠。至此再用少许纯水冲仪器3次,洗去自来水带来的杂质,干燥后即可使用。

二、洗涤液

针对仪器沾污物的性质,可采用不同洗涤液洗净仪器。注意在使用各种性质不同的洗涤液时,一定要把上一种洗涤液除去后再用另一种,以免相互作用生成的产物更难洗净。以下为几种常用洗涤液。

(1)铬酸洗涤液。将重铬酸钾研细,取20g溶于40mL水中,缓慢加入360mL浓硫酸即可制成铬酸洗涤液。用少量洗涤液刷洗或浸泡一夜,即可除去器壁残留油污。洗涤液可重复使用。

(2)工业盐酸洗涤液。即将工业盐酸(工业生产所得浓度为30%或36%的盐酸)同蒸馏水按1:1混合,可用于洗去碱性物质及大多数无机物残留。

(3)碱性洗涤液。即10%氢氧化钠水溶液或乙醇溶液。碱性洗涤液一般加热(可煮沸)

使用,去油效果较好。注意煮的时间过长会腐蚀玻璃(硅酸钠又称泡花碱,其水溶液为水玻璃,是一种黏合剂),另外碱性乙醇洗涤液不要加热使用。

(4)碱性高锰酸钾洗涤液。将4g高锰酸钾溶于水中,加入10g氢氧化钠,用水稀释至100mL,即制成碱性高锰酸钾洗涤液,可用于洗涤油污或其他有机物。洗后容器沾污处若有褐色二氧化锰析出,可用浓盐酸或草酸洗涤液、硫酸亚铁、亚硫酸钠等还原剂去除。

(5)草酸洗涤液。将5~10g草酸溶于100mL水中,加入少量浓盐酸,即制成草酸溶液。草酸洗涤液用于洗涤高锰酸钾洗液后产生的二氧化锰,必要时可加热使用。

(6)碘—碘化钾洗涤液。将1g碘和2g碘化钾溶于水中,用水稀释至100mL即制成碘—碘化钾溶液。该溶液用于洗涤用过硝酸银滴定后留下的黑褐色沾污物,也可用于擦洗沾过硝酸银的白瓷水槽。

(7)有机溶剂。苯、乙醚、二氯乙烷等都是有机溶剂,可洗去油污或可溶于该溶剂的有机物质。使用时要注意气体毒性及可燃性。另外,有机溶剂也是洗岩芯过程中用到的重要溶剂。

(8)乙醇—浓硝酸洗涤液。对于一般方法很难洗净的少量残留有机物,可用此洗涤液。容器内加入不少于2mL的乙醇,再加入10mL浓硝酸,静置即发生激烈反应,放出大量热及二氧化氮,反应停止后再用水冲洗,操作应在通风橱中进行,不可塞住容器,做好防护。注意二者不可事先混合!

注:铬酸洗涤液因毒性较大尽可能不用,近年来多以合成洗涤剂和有机溶剂来去除油污,但有时仍要用到铬酸洗涤液,故也在此列出。

第二节 常用度量设备及记录方法

一、大气压力计的使用方法

大气压力是用与大气压力相平衡的汞柱高度来测量的。国际上规定,在温度为0℃、纬度为45°的海平面上,760mm高的汞柱所平衡的大气压力为标准大气压。

(一)福丁式大气压力计的结构

实验室最常用的是福丁(Fortin)式大气压力计,其结构如图1-1所示。该大气压力计外部是黄铜管,上有刻度标尺,管内装有玻璃管,其上端封闭,下端开口并插入水银槽中。玻璃管内有水银柱,水银柱以上为真空。黄铜管上半段前后开有长方形窗孔,以便观察玻璃管内水银面的位置。在窗孔部位安装一游尺,旋转螺旋可调节游尺的上下位置。铜管中部附有温度计。水银槽底部有羚羊皮袋,羚羊皮袋下面有螺旋支持,转动铅直调节固定螺母可以调节水银槽内水银面的高低。水银槽上部有一象牙针,针尖向下,针尖的位置是刻度标尺的零点。

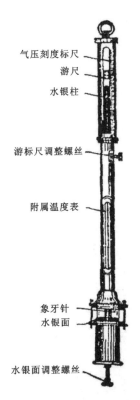

图 1-1 福丁(Fortin)式大气压力计示意图

(二) 福丁式大气压力计的使用方法

先旋转底部水银面调整螺丝,升高水银槽内的水银面,使水银面与象牙针的尖端刚好接触。再旋转气压计中部游标尺调整螺丝,将游标尺升起至比玻璃管内水银柱顶稍高的位置。然后使游标尺下降,直到游标尺下缘恰与水银柱的凸面相切。在上述调节中,眼睛应与水银面在同一水平面上。根据游标尺的下缘零线所对的刻度标尺上的位置,读出大气压力测量值的准确数字部分,而可疑数字部分用游标尺来确定,即从游标尺上找出一条正好与标尺上某一刻度相重合的刻度线,此刻度线的读数为大气压力测量值的最后一位数字。目前使用的大气压力计标尺用高度(cm)及压力(百帕)标度。大气压力计的读数应记录 4 位有效数字,同时应记下测量大气压力时的温度,以备校正使用。大气压力计必须垂直安装,如果偏离垂直位置1°,则对于 76.00cm 的测量值来说,会引入 0.01cm 的误差。

(三) 测量值的校正

1. 温度的校正

温度会影响水银的密度及黄铜标尺的长度。针对这两个因素,可得到校正公式为

$$H_0 = H_t - H_t \frac{(\beta-\alpha)t}{1-\beta t} \qquad (1-1)$$

式中：H_0 为将水银柱校正到 0℃ 时的高度，cm；H_t 为 t℃ 时水银柱的高度，cm；α 为黄铜的线膨胀系数，℃$^{-1}$（α 一般取 1.84×10^{-5}℃$^{-1}$）；β 为汞的体膨胀系数，℃$^{-1}$（β 一般取 1.818×10^{-4}℃$^{-1}$）；t 为读数时的温度，℃。

在精密测量中，气压计上的温度计也要校正。如果温度计的读数偏差 1℃，则对于 76.00cm 的测量值来说，会引入 0.012cm 的误差。

经过温度校正的大气压力测量值的单位为 cmHg(0℃)。若实验中需将大气压力与水银压差计的汞柱高度相加减以求绝对压力，则应将水银压差计所测汞柱高度换算为 0℃ 时的汞柱高，然后再加减，求得的绝对压力单位也是 cmHg(0℃)。

2. 重力加速度的校正

在纬度 45° 的海平面处，重力加速度为 9.806 65 m/s^2。当纬度及海拔高度改变时，重力加速度也有所改变。因此，在各地重力加速度下测得的汞柱高度应换算成标准重力加速度下的汞柱高度。当纬度为 φ，海拔高度为 h 时，对已校正到 0℃ 条件下的汞柱高度应再作如下校正，即

$$H_g = H_0(1-2.65\times10^{-3}\cos 2\varphi)(1-3.14\times10^{-7}h)$$
$$\approx H_0(1-2.65\times10^{-3}\cos 2\varphi - 3.14\times10^{-7}h) \tag{1-2}$$

式中：φ 为纬度，(°)；h 为海拔高度，m。

由式(1-2)可以看出，纬度校正值为

$$\Delta_\varphi H = -2.65\times10^{-3}\cos(2\varphi)H_0 \tag{1-3}$$

海拔高度校正值为

$$\Delta_h H = -3.14\times10^{-7}hH_0 \tag{1-4}$$

3. 仪器的修正值

仪器的误差多是由气压计构造上的缺陷或长期使用后水银中溶解的微量空气渗入真空部分所引起的。与标准气压计相比较后，可求得修正值，此修正值常附于仪器的检定证书中。

4. 高度差的校正

当气压计水银槽中的水银面与实验所在位置存在高度差时，实验环境大气压力与气压计测量值之间存在差别。通常地球表面处 10m 空气柱与 0.9mmHg 具有相当的压力，即每升高 10m，大气压力减小 0.9mmHg。

二、温度计的使用方法

油(气)层物理实验室常用的温度计有水银温度计和酒精温度计。

(一) 水银温度计

水银温度计分为两种：一种是棒式，其刻度尺刻在内有毛细管的玻璃棒上；另一种是管式(也称内标式)，其刻度尺和毛细管封在玻璃管内部。

常用的水银温度计有 0~50℃、0~100℃、0~150℃、0~250℃ 和 0~360℃ 等规格。

由于水银不润湿玻璃,所以用水银温度计测量温度比较准确。然而,水银温度计不能用于测量低于 -39 ℃ 的温度,因为水银在此温度下凝固;水银温度计也不能用于测量高于 360 ℃ 的温度,因为水银的沸点是 357 ℃(除非在水银温度计中充入一定压力的惰性气体)。

水银温度计制造时有两种刻定刻度的方法,即全浸没法和半浸没法,因此,测量时也要区别对待。对于全浸没式,测量时需将温度计完全浸没在加热介质中,或浸没至读数处(水银柱升起后的顶端),以使水银球及毛细管中的全部水银都发生膨胀;对于半浸没式,测量时只需将水银球及毛细管的一部分(温度计上注有的浸没深度)浸没在加热介质中。

当使用全浸没式温度计来测量温度,而又不能把温度计浸没至所示读数处时,得出的读数就会有一定的偏差。为了得到更准确的读数,应在读数中加上"外露段"的校正值。此校正值需用另一辅助温度计来测定,测定时把辅助温度计的水银球放在待校正温度计外露段的中点,即待校正温度计浸没面与其所示读数处的中点,校正值计算公式为

$$k = n\alpha(t_1 - t_2) \tag{1-5}$$

式中:k 为校正值,℃;n 为"外露段"读数,℃;α 为水银在玻璃中的膨胀系数,℃$^{-1}$;t_1 为待校正温度计所示读数,℃;t_2 为辅助温度计所示读数,℃。

系数 α 之值与温度计所用玻璃的种类以及温度计的构造有关。对于最常用的玻璃,一般棒式温度计的 α 值为 0.000 168,管式温度计的 α 值为 0.001 580。因此,实际温度的计算公式为

$$实际温度 = 待校正温度计的读数 + 校正值(k)$$

(二) 酒精温度计

酒精(染成红色或蓝色)温度计的优点是灵敏,因为酒精的热膨胀系数比水银大 6 倍,而且可以测定 -39 ℃ 以下的温度。酒精温度计的缺点是酒精对玻璃润湿,故当温度下降很快时,用这种温度计测定是不准确的。通常酒精温度计不能测定超过 100 ℃ 的温度。

酒精温度计高出浸没面的液柱的校正值,也可以按水银温度计的校正公式计算,不同的是系数 α 的值取为 0.001。

水银温度计和酒精温度计都是玻璃温度计。玻璃温度计的一个很大的缺点是它的读数随时间改变而改变。这是由于温度计制造时在玻璃壁上留下了永久应力,该永久应力会引起玻璃变形,从而改变温度计的水银球和毛细管的体积,使温度计的零点移位。

工厂出产的玻璃温度计都附有说明书,虽然说明书上都有读数误差的允许值,但这种允许值只保证一年,超过了保证期限的温度计都要重新进行校正。

校准温度计最简单的方法是将一支用几种纯物质的熔点或沸点(表 1-1、表 1-2)校正过的标准温度计与待校正的温度计一起放入某温度的恒温水浴中,都按刻度时的浸没深度没入,待温度稳定后,同时读取标准温度计和待校正温度计的读数。改变恒温水浴的温度,可得一系列数据,然后作图,得到校正温度计的校正曲线。以后使用这支温度计时,就可以通过校正曲线查出其标准温度。

表1-1 校正温度计用的物质的熔点

物质	熔点/℃	物质	熔点/℃
水	0.0	甘露醇	116.0
萘	80.1	蒽	216.1
苯甲酸	122.1	咔唑	240.3
邻苯二甲酸酐	131.6	蒽醌	284.3

表1-2 校正温度计用的物质的沸点

物质	760mmHg大气压力下的沸点/℃	(760±10) mmHg下，压力改变1mmHg时沸点的改变值/℃	物质	760mmHg大气压力下的沸点/℃	(760±10) mmHg下，压力改变1mmHg时沸点的改变值/℃
乙醚	34.5	0.036	甲苯	11.05	0.042
丙酮	57.2	0.030	氯苯	132.0	0.049
氯仿	61.2	0.036	苯胺	184.4	0.051
苯	80.4	0.043	萘	218.0	0.058
水	100.0	0.037	硫	444.6	0.091

三、气体钢瓶的使用及注意事项

油（气）层物理实验（如气测岩石渗透率、孔隙度及水气交替驱和泡沫驱等各种提高采收率实验）过程中会用到各种气体。气体通常储存在气体钢瓶中，因此，实验人员必须了解气体钢瓶的标记、使用安全事项、减压阀的工作原理及使用方法等。

（一）气体钢瓶的颜色标记

实验室中常用容积为40L左右的气体钢瓶。为避免各种钢瓶混淆，瓶身需按规定涂色和写字（表1-3）。

表1-3 中国气体钢瓶常用标记

气体类别	瓶身颜色	外表字体颜色	字样
氮气	黑	淡黄	氮
氧气	淡蓝	黑	氧
氢气	淡绿	大红	氢
空气	黑	白	空气
二氧化碳	铝白	黑	液化二氧化碳

续表 1-3

气体类别	瓶身颜色	外表字体颜色	字样
氦气	银灰	深绿	氦
氨	淡黄	黑	液化氨
氯	深绿	白	液化氯
氩气	银灰	深绿	氩
其他一切可燃气体	银灰	大红	
其他一切不可燃气体	银灰	黑	

(二)气体钢瓶安全使用注意事项

(1)钢瓶应存放在阴凉、干燥的地方,远离电源、热源(如阳光、暖气、炉火等)。可燃气体钢瓶必须与氧气钢瓶分开存放。

(2)搬运钢瓶时应戴上瓶帽、橡皮腰圈,应轻拿轻放,不可在地上滚动,避免撞击。使用钢瓶时要用架子将其固定,避免突然摔倒。

(3)使用钢瓶中的气体时,一般都应安装减压阀。可燃气体钢瓶的螺纹一般是反扣的(如氢、乙炔),其余则是正扣的。各种减压阀不得混用。开启气阀时应站在减压阀的另一侧,以保证安全。

(4)氧气瓶的瓶嘴及其减压阀严禁沾染油脂。

(5)钢瓶内气体不可全部用尽,应保持 0.05MPa(表压)以上的残留压力,以防止外界空气进入气体钢瓶。

(6)钢瓶需要定期送交检验,至少每隔三年检验一次。用于装腐蚀性气体的气瓶,至少每两年检验一次。不合格的气瓶应报废,或降级使用。

(7)氢气瓶最好放在远离实验室的小屋内,用导管引入(小心要防止漏气),并安装防止回火的装置。

(三)气体减压阀的工作原理

气体钢瓶减压阀的高压腔与钢瓶连接,低压腔为气体出口,并连接使用系统。高压表的示值为钢瓶内储存气体的压力。低压表的出口压力可由调节螺杆控制。

使用时先打开钢瓶总开关,然后顺时针转动低压表压力调节螺杆,使其压缩主弹簧并转动薄膜、弹簧垫块和顶杆而将活门打开。这样进口的高压气体由高压室经节流减压后进入低压室,并经出口通往工作系统。转动调节螺杆,改变活门开启的高度,从而调节高压气体的通过量并达到所需的压力值。

减压阀都装有安全阀。它是保护减压阀并使之安全使用的装置,也是减压阀出现故障的信号装置。如果由于活门垫、活门损坏或其他原因,出口压力自行上升并超过一定许可值时,安全阀会自动打开排气。

第三节　岩石铸体制作流程

一、实验目的

(1) 了解岩石铸体的制备方法。
(2) 观察岩石中孔隙的分布、孔径的大小,岩石成分、结构等。

二、实验原理

制作岩石铸体的原理是将低黏度的甲基丙烯酸甲酯的单体或低黏度的环氧树脂,按一定比例加入稀释剂、固化剂及染料后,经真空灌注和加压灌注,使其注入到岩石孔隙中去,然后让其在孔隙中凝固,将固结后的岩石磨成薄片,或经酸处理制成孔隙铸体,再用偏光显微镜或扫描电镜观察和鉴定,研究岩石孔隙的形态、大小、分布和连通情况等。

三、实验仪器

实验仪器分为真空灌注系统(图1-2)和加压灌注系统(图1-3)。

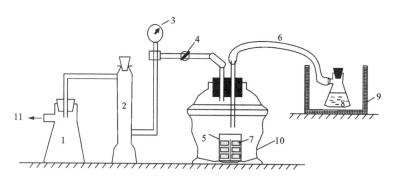

1.缓冲瓶;2.干燥塔;3.真空表;4.三通真空阀;5.烧杯;6.塑料软管;7.岩样;8.烧瓶(抽滤瓶);
9.恒温炉;10.真空干燥器;11.接真空泵。

图1-2　环氧树脂及其他树脂的真空灌注装置图

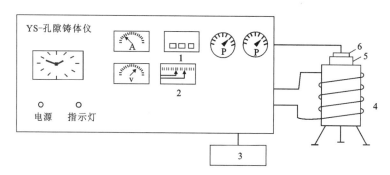

1.温度数字显示仪;2.电接点温度计;3.加压灌盖;4.釜体(压力罐);5.堵头;6.顶部螺帽。

图1-3　孔隙铸体仪

四、实验步骤

(一)真空灌注

(1)将岩样切成直径为3cm、厚度为6mm的岩石薄片,抽提(含油的岩样)、清洗、烘干。
(2)将岩样编号依次放入试管,每个岩样之间用云母片隔开,烘干待用。
(3)把装好样的试管放入真空干燥器内,将配制好的环氧树脂倒入抽滤瓶内(抽滤瓶放入水浴锅加热至100℃以降低树脂的黏度)。若用单体则无须加热。
(4)抽真空50min,然后将抽滤瓶提起,把灌注液倒入装样的试管内,液面下玻璃管3/5处。
(5)继续抽真空30min,停泵,打开三通通入大气,取出岩样。
(6)将灌注单体的岩样放入水浴锅内恒温,直至全部固化。

(二)加压灌注

(1)将真空灌注的岩样试管放入加压罐,使油浸没岩样,上好堵头,旋紧顶部堵头螺丝。
(2)启动加压泵,使压力升至30MPa,试漏5min,若不漏即可开始升温。
(3)打开电源,加热升温至100℃,恒温1h。
(4)继续升温,温度由100℃升至500℃,恒温4h。
(5)切断电源停止升温。
(6)让罐内温度自然冷却,打开压力缸取出玻璃试管,打破试管取出岩样,制成岩石或孔隙铸体。

五、岩石铸体薄片的鉴定

根据图1-4目测估计薄片孔隙百分率的大小以评价岩石、孔隙的好坏,观察主要岩石成分、结构以及孔隙分布和孔径大小,根据孔隙百分率对比图估算面孔率。将观察结果记录表在表1-4中。

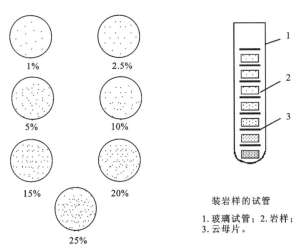

装岩样的试管
1.玻璃试管;2.岩样;
3.云母片。

图1-4 铸体薄片鉴定

表 1-4 硅质碎屑储集岩铸体薄片观察记录表

姓名：　　　　　班级：　　　　　学号：　　　　　日期：

薄片号：		岩石定名：							
碎屑颗粒	成分								
	大小								
	含量								
胶结物	成分				胶结类型				
	含量				胶结物结构				
	胶结类型素描				胶结物结构素描				
孔隙类型									
孔隙类型素描									
孔隙大小分布	大小/μm	1～5	6～10	11～15	16～20	21～25	26～30	30～40	41～50
	个数								
	大小/μm	51～75	76～90	90～100	平均孔隙直径：$\sum_{i}^{n} \dfrac{X_i N_i}{M} =$				
	个数								
孔隙配位数	配位数	1	2	3	4	5	6	7	8
	个数								
	配位数	9	10		平均配位数：$\dfrac{1}{2}\sum_{i}^{n} \dfrac{X_i N_i}{M} =$				
	个数								
孔隙大小直方图及累积曲线图									

第四节　干燥箱的使用方法

电热干燥箱又称电热烘干箱,是利用电热丝隔层加热而使物体干燥的仪器设备。它适用于比室温高 10～300℃的恒温烘焙、干燥、热处理等,灵敏度为±10℃。

一、电热干燥箱的结构

电热干燥箱的型号很多,但结构基本相似。电热鼓风干燥箱外形如图 1-5 所示。

图 1-5　电热鼓风干燥箱图

电热干燥箱主要由箱外壳、工作室和保温层三部分组成。工作室中有数块搁板,可供放置实验样品。工作室底部有风量调节孔,用以调节工作室内空气的对流速度,以达到均匀加热的目的。工作室侧壁有温度传感器,用以获取并调节工作室内的温度。工作室顶部有排气阀,工作时打开排气阀,以排除箱内冷气、湿气、秽气,保持温度的平衡并加速样品水分的蒸发。箱门上有玻璃观察窗,可以观察工作室中的情况。

二、电热干燥箱的使用方法及注意事项

(一)使用方法

(1)旋开箱顶排气阀至适当位置,关上箱门,打开电源开关,控温仪表经几秒钟自检后显示标准模式,此时 PV 数码管显示主控测量值,SV 数码管显示主控设定值。需强制循环时将风机开关打开,将温控仪设为所需温度(由 SV 数码管显示),此时"OUT"指示灯亮,表示加热器开始工作,箱内开始升温。

(2)当升至所需温度时"OUT"指示灯灭,表示加热器已停止工作;当指示灯交替明灭

时,表示温控仪正在控制所设定的温度,工作室已进入恒温状态。

(3)在使用过程中,如果用强制循环,则必须将箱内底板上的5个风量调节孔关闭;如果使用自然对流,则需将箱内底板上的5个风量调节孔打开。

(4)烘干标准可参照表1-5。

表1-5 不同岩石样品的烘干要求及所需温度

岩样类型	烘干箱类型	温度/℃
砂岩(黏土含量低)	常规烘干箱	116
	真空烘干箱	90
砂岩(黏土含量高)	可控干湿度烘干箱,相对湿度40%	63
碳酸盐岩	常规烘干箱	116
	真空烘干箱	90
含石膏岩石	可控干湿度烘干箱,相对湿度40%	60
页岩或其他高含黏土岩石	可控干湿度烘干箱,相对湿度40%	60
	常规烘干箱	
	真空烘干箱	

注:每块岩样应该烘干至恒重,烘干时间差别很大,但一般应超过4h。

(5)烘干结束后,关闭电源,待样品自然变凉后取出。

恒温箱型号不同,操作方法略有差异,根据不同型号、类型的恒温箱说明书选择具体的操作步骤。

(二)注意事项

(1)干燥箱应安装在5~40℃、相对湿度不大于85%的环境中才能正常工作。干燥箱周围应无强烈震动和气流,无腐蚀性气体,其放置应平稳,不得倾斜或摇晃。

(2)干燥箱电源应有开关,并有可靠的接地装置,以方便操作,保证安全。

(3)干燥箱在初次使用前应进行一次空载老化处理:接通电源,按使用方法使箱内温度升至100℃,保持3h,其间每隔30~40min,开箱门2~3min,排出箱内潮气或其他气体及异味,然后继续升温至200℃,保持2h后切断电源,待其温度自然降至150℃左右时打开箱门,冷却至室温,之后即可投入正常使用。

第五节 马弗炉的使用方法

一、马弗炉的结构及原理

实验用马弗炉由箱式电阻炉和配套的温度控制器组成,如图1-6所示。

图1-6 马弗炉

箱式电阻炉以硅钼棒为加热元件,炉膛额定温度为1600℃,可供陶瓷的烧结、熔解、分析等高温加热使用。

电阻炉与温度控制器配套使用,可进行电炉温度的测量、指示及自动控制。

二、电阻炉的结构

箱式电阻炉的外形为长方体,安放在炉体固定架上。炉体用薄钢板经折边焊接成内、外炉壳。内炉衬用氧化铝空心球耐火材料和氧化铝聚轻材料,以积木式结构拼砌而成。炉底板由刚玉耐火材料制成。加热元件多采用"U"形硅钼棒,从顶板的腰孔中插入,垂挂在炉膛两侧。顶部安装硅钼棒和电源连接线接线板,并有防护罩安全装置。在炉门右下端装有与炉门连锁的行程开关,当炉门开启时电源便自行切断,以保证操作安全。在炉口内放一块挡热板,可提高炉膛内温度的均匀性并减少炉口部热损失。在炉体后面装有热电偶固定座,热电偶从此孔插入炉膛。

三、设备使用方法

不同类型马弗炉的温度控制器不同,具体使用方法也略有不同,本实验以KSY型可控硅温度控制器为例来说明操作方法,其他型号的温控模块参考各自的使用说明书。

(1)将待烤制的岩芯放在炉膛内(注意:岩芯不能接触加热管),关好炉门。

(2)接通电源。将温度控制器电源开关拨向"通"一侧。

(3)设定温度。将数显调节仪上的选择键拨向"控温"一侧;调节"控温设定"旋钮,将电阻炉温度设定为所需温度(如380℃),显示在显示屏上。

(4)设定报警。将选择键拨向"报警"一侧;调节"报警设定"旋钮,设定报警温度(如400℃),当炉内温度超过所设定的报警温度时,设备自动报警。

(5)测定温度。将选择键拨向"测温"一侧,显示屏上显示当前炉内温度。

(6)选择"手动""自动"。将温度控制器的选择键拨向"手动"或"自动"一侧;缓慢调节"手动调节"或"自动调节"旋钮,将电流表示数调至160A,同时,电压表示数在0--85V呈增大趋势,电炉开始加热。

(7)恒温后加热6~8h,若选择"手动",则调节"手动调节"旋钮,将电流表及电压表示数调至零;若选择"自动",则调节"自动调节"旋钮,将电流表及电压表示数调至零。

(8)断开电源。将电源开关拨向"断"一侧。

(9)待炉膛温度降至室温后,取出岩芯,关闭炉门。

四、维护及注意事项

(1)先将炉体固定架安装好,放在室内平整的地面上,然后将电阻炉放在炉体固定架上;温度控制器不宜放在与电炉过近的地方,防止因过热而影响其正常工作。

(2)为保证操作安全,电炉和温度控制器外壳均需接地。

(3)当电炉第一次使用或长期停用后再次使用时,必须进行烘炉干燥。烘炉温度与时间如表1-6所示。

表1-6 马弗炉操作方法

温度/℃	时间/h	方法
室温~300	4	打开炉门进行,使炉内大部分湿气蒸发
300~800	3.5	快速升温,关闭炉门进行
800~1000	3	定期打开炉门,直到炉内没有水分为止

(4)使用电炉时,输入功率不得超过其额定功率,炉温不得超过其额定温度,以免损坏加热元件及内炉衬;禁止向炉膛内直接灌注各种液体及熔解金属;经常清除炉膛内的铁屑和氧化物,以保持炉膛内的清洁。

(5)硅钼棒适宜在空气和中性气体(如惰性气体)中使用,还原性气体(如氢气等)会破坏其保护层,氯和硫的蒸气对硅钼棒元件的腐蚀较严重。

(6)不应在400~700℃的温度范围内长时期使用硅钼棒,因为在此温度范围内硅钼棒会发生氧化而遭破坏。

(7)定期检查电炉、温度控制器导电系统,确保各连接部分的接触良好。对硅钼棒加热元件各连接点更应注意检查。

(8)本电炉适用于下列工作条件:室内使用;海拔不超过1000m;环境温度在5~40℃范围内;周围环境的相对湿度不超过85%;炉子周围没有导电尘埃、爆炸性气体及能严重腐蚀金属和破坏绝缘的腐蚀性气体;没有明显的振动和颠簸。

第六节 蒸馏水仪的使用方法

油(气)层物理实验中需广泛使用蒸馏水,如配制盐水、聚合物溶液、清洗等。因此,掌握蒸馏水仪的使用方法,自己动手制备蒸馏水,将给实验工作带来很大便利。本节主要介绍电热蒸馏水仪的结构及使用方法。

一、电热蒸馏水仪的结构及原理

本仪器主要由冷凝管、蒸发锅、电热管三部分组成,如图1-7所示。主体材料均采用不锈钢薄板与不锈钢无缝管制成,外形美观。电加热部分采用浸入式电热管,热效率高。

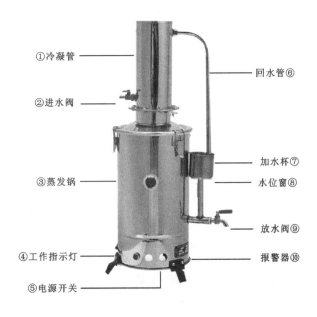

图1-7 电热蒸馏水仪

(1)冷凝管部分:加热后的水蒸气通过此装置,以冷热交换的方式制取蒸馏水,可拆卸。

(2)蒸发锅部分:锅内水源超过加水杯底时,即自动从杯子上的回水管溢出。锅炉体采用拆卸式,便于洗刷锅内水垢。底部有放水阀,便于随时放水或更换存水。

(3)电热管部分:本部分是在蒸发锅内底部,将电热管浸入到水中加热,使水沸腾从而得到水蒸气。加热的时间根据电热管的功率而定。电热管加热与否,是由电器控制部分实现的。电器控制部分由大功率继电器、温度热敏开关等组成。

自来水通过进水接头进入,在冷凝管中通过盘管上升,经过回水出口、回水管进入溢水器,由此进入蒸发锅。自来水在蒸发锅内通过电热管加热变成水蒸气,在冷凝管内冷却变成蒸馏水,还有部分未冷却的水蒸气和其他物质的蒸气通过出气孔排出。通过溢水器和溢出水口可以保证蒸发锅内水位的高度。

二、电热蒸馏水仪的使用方法

(1)将水源阀用 φ10mm 软管与蒸馏水仪进水接头连接。蒸馏水仪出口用白色胶管连接,蒸馏水将通过出口收集到容器中。

(2)将放水阀关闭,开启水源阀,使自来水从进水接头经冷凝管,再从回水管注入蒸发锅内,直至水位上升到溢水器高低水位指示中间处,关闭水源。

(3) 接通电源进行加热,当蒸发锅内的水沸腾产生蒸气,且冷凝管上部出气小孔有少量蒸汽喷出时,重新打开水源阀,同时观察溢水器的水位,调节水源开关,使水位至高低水位指示中间位置为止,此时有冷却水从溢水器排出。当蒸发锅内的水开始沸腾时,为了保证蒸馏水的生产量,必须保证有冷却水的供应(冷却水用量是蒸馏水产量的8倍左右,只有一部分从溢水器补充到蒸发锅内,而大部分从溢水器的出水口排出)。

(4) 产生的蒸馏水经出口收集到容器中。

三、注意事项

(1) 电源插座应接地,并应配有熔断器(用户电路中必须安装),以保证使用安全。

(2) 制备蒸馏水所用的自来水应符合《生活饮用水卫生标准》(GB5749—2022)的要求。

(3) 在蒸发锅未注水或溢水器未排出溢水时,切勿将工作电源开关闭合。

(4) 蒸馏水仪工作时,水源压力不稳定可能会使蒸馏水出水量及冷却水流量发生较大变化,因此,应经常观察并及时调节水量大小至溢水器的规定水位。

(5) 溢水器出口的橡胶管应能通畅地向下排水,其弯角须大于90°,否则溢水器水位将不稳定。

(6) 每次使用前应洗刷蒸发锅,并将存水排净,更换新鲜水,以保证水质。

(7) 蒸馏水仪内的水垢可用弱酸或弱碱溶液洗刷。

(8) 对于新购进的蒸馏水仪,应先清洗,并注水通电蒸发2h以上,直至取得的蒸馏水符合要求。蒸馏水仪在使用中切勿断水。

(9) 蒸馏水仪在工作时,其外表温度较高,切勿接触,以防烫伤。

(10) 橡胶密封使用时间过久会产生老化,应及时更换。

第七节 电脱水仪的使用方法

在室内研究地层油的高压物性,或通过岩芯实验研究各种措施提高原油采收率的效果时,都要用到从井场取的纯油样。但从油水分离器或井口取得的油样一般都含有被乳化的地层水,因此,油样使用前需要将其中的水分离出来。常用的油水分离方法是使用电脱水仪将其中的乳化水分离出来。

一、电脱水仪的工作原理

从现场取得的原油多含一定量的水,其中的水以小水珠的形式悬浮在原油中。由于原油中含沥青质、胶质、环烷酸等成分,并且它们很容易吸附在水珠表面形成一层坚韧的乳化膜,阻碍各水珠间的相互吸引聚集;同时,由于水珠极小,重力作用难以克服石油对它的黏滞阻力,因而自然沉降极为缓慢。上述原因致使油水乳化液能长期保持稳定且不分离。

脱水仪利用非均匀的高频脉冲强电场对悬浮在油中的小水珠进行极化,被极化的小水珠在高频电场中剧烈运动,产生内摩擦热,不断克服膜强度而与其他被极化的小水珠结合,形成大水珠,在重力作用下加速沉降,从而使油水分离。另外,加入适量的破乳剂可降低乳化膜强度,提高原油温度可降低原油的黏滞阻力,从而加快油水分离速度,改善脱水效果。

使用原油密闭脱水仪时,原油要先在釜体内进行预加热,使原油达到一定温度,以降低原油的黏度,加速原油中水的沉降;随温度升高,釜体内的压力也升高,使原油中的水不易汽化。当施加高频电场时,水珠合并较快,迅速下沉到容器底部,直到原油中的含水量脱至0.5%以下,满足原油油品的分析需要。

二、仪器组成及作用

电脱水仪主要由釜体、电接点压力表、便捷式倒油口、排空阀、内电极、外电极、温度控制器、铜直嘴旋塞等部分组成(图1-8)。

图1-8 全自动原油脱水仪

(1)釜体。盛放要分离的原油,其容积为2500mL。

(2)电接点压力表。仪器工作时,显示并控制釜体内的压力,其控制压力最高可设定为0.6MPa。当釜体内的压力升至所设定的控制压力时,加热电路将断开,釜体内的压力不再升高,起到控制压力、保证安全的作用。

(3)便捷式倒油口。方便油样的倒入及清洗。倒入油样后,盖好倒油口盖,用卡箍固定好。

(4)排空阀。完成脱水后,当稀油温度低于40℃或稠油温度低于50℃时,关闭脱水和加热开关,打开排空阀排空,之后才能放水、放油。

(5)内电极。内电极的外部采用四氟绝缘,不会和外电极产生的高压脉冲电压发生短路。

(6)外电极。紫铜绕制成螺旋状,固定在釜盖上。外电极与内电极产生圆柱形电场,使水珠极化,实现水珠的聚集。

(7)温度控制器。显示并控制釜体内的原油温度。

(8)铜直嘴旋塞。原油脱水完毕,分离出的水和原油由此放出。

三、脱水操作步骤

(1)装油样。松开倒油口上的卡箍,取下倒油口盖;将原油倒入釜体内,以装满釜体的2/3为宜,盖好倒油口盖,装上卡箍并拧紧;关紧排空阀,插上高压接线插头,套上防护罩。

(2)调节电接点压力表的控制压力。可用平口螺丝刀压着表盘上的调节指针调节到需要控制的压力,调节时使上、下限的压力相等,即两调节指针重合。仪器在出厂前已将控制压力调至0.6MPa,若无特殊情况,请不要随意调节控制压力。

(3)按下加热开关,将温度控制器上的温度给定值设定在60~120℃之间,建议将每个实验的第一次加热温度设定为60℃,等温度稳定后再根据需要进行设定,设定的最高温度不得超过120℃。当温度开始升高时,按下脱水开关,之后切勿触摸高压接头部位。加热过程中指示灯会亮,并有闪烁。实际温度越接近设定温度,指示灯闪烁的时间间隔越短。当实际温度超过设定温度3℃或压力超过0.6MPa时,控制系统将断开,停止加热。

(4)加热脱水约2h后,将温度控制器上的温度设定为室温。

(5)完成脱水后,用一个200mL左右的烧杯装3/4左右的凉水,将排空管线出口插入水底,再缓慢拧开排空阀,使釜体内的压力渐渐排出,以免烫伤。当釜体内的压力完全排出后,不需打开釜盖,便可将分离出的水放出。

(6)在取油样时,需先放出部分油水混合液,然后取出所需的分析油样。

四、注意事项

(1)实验前,先检查排空阀和电接点压力表的快速插头及接头是否松动;卡箍螺丝拧紧时用力需适度,同样,釜盖上的螺栓也不能拧得过紧,以免螺栓滑扣。

(2)排空时,注意管线漏出的高温蒸汽,以防烫伤。釜盖上的外电极禁止随意转动。

(3)在做原油脱水实验之前,应检查外电极的四氟密封垫是否拧紧。

(4)加热时一般设定控制温度为80℃,釜内压力不得超过0.6MPa。釜内压力为0MPa时,才可以打开釜盖。

(5)如果实际温度超过设定温度3℃或压力超过0.6MPa,加热指示灯还亮,则控制系统可能存在故障,不能正常控制,此时需关闭所有开关并将电源插头拔掉,通知生产厂家检修。

(6)实验过程中,实验操作人员不得离开实验现场。

第八节　岩芯抽真空饱和流体装置的使用方法

当对岩芯开展驱替实验前,首先需要对岩芯要进行干燥处理,其次对干燥好的岩芯抽真空饱和地层水,以模拟岩芯在真实地层中的饱和水状态。本实验以500型真空饱和装置为例,介绍岩芯抽真空的原理及方法。岩芯抽真空饱和流体装置用于对岩芯进行抽真空处理,然后在真空状态下加入一定规格的液体进行浸泡,让岩芯充分吸收,使得岩芯充分饱和相应流体。

一、实验目的

(1)了解抽真空的原理。
(2)了解500型真空饱和装置的使用方法。

二、实验原理

利用机械、物理、化学等方法对容器进行抽气,以获得和维持装置的真空状态,它把气体从低于1个大气压的环境中输送到大气或与大气压力相同的环境中。真空泵的作用就是从真空室中抽除气体分子,降低真空室内的气体压力,使之达到要求的真空度,进而为后续样品及工作环境提供所需条件。

(1)真空泵启动后,系统中的不凝性气体和水蒸气先被抽出,然后只剩下水分子(液态)。

(2)随着真空度的增加,系统内绝对压力降低,当系统内的绝对压力降低到与环境温度相对应的饱和水蒸气压力时,系统内剩余的水分子沸腾成水蒸气,被继续抽出。需要注意的是,抽真空过程中,在正常操作情况下,系统内的温度和外界环境温度应保持一致。

(3)岩芯抽真空后,孔隙处于真空状态,水能以更小的阻力进入岩芯细小孔隙中,使得饱和水效果更好。

三、实验仪器

500型真空饱和装置主要由真空系统、储液罐、样品室、压力表和阀门等构成,如图1-9所示。

仪器基本参数:①样品室尺寸为 $\Phi 60mm \times 177mm$(500mL);②储液罐尺寸为 $\Phi 60mm \times 283mm$(800mL);③耐压≤1MPa;④真空抽气速率为1L/min,220V;⑤电源电压为220V。

面板上的阀门含义:V1与V2表示控制对饱和液体容器抽真空的开关(对中间容器内空气和液体抽真空),V1控制左边1号罐,V2控制右边2号罐;V5表示控制样品室抽真空的阀门开关;V3与V4表示控制饱和容器内液体流入样品室的开关,V3控制左边1号罐,V4控制右边2号罐;V6表示控制样品室进液的开关。

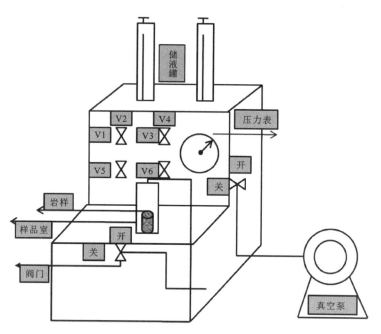

图1-9　500型抽真空饱和装置简图

四、操作步骤

(1)仪器在使用前,先检查仪器的各部位是否完好,连接有无松动,发现问题及时解决。

(2)将真空泵接上电源,检查泵油是否满足泵使用的条件(从侧边小透明视窗观察),一切完好后,打开真空泵。

(3)对岩芯和饱和液体抽真空。通过逆时针旋转样品室上端的盖子打开样品室,将干燥处理后所需的实验岩芯用镊子轻轻放入样品室,将盖子顺时针旋转后关闭。打开(方式与样品容器打开方式一样)上方盛放液体的中间容器(图1-10),将所需饱和液体倒入中间容器中,注意倾倒饱和液体时不得淹没容器内抽真空的铁心管,倾倒液体高度最好低于铁心管2～5cm,将饱和液体中间容器关好。

关闭岩芯室下端阀门(图1-10a,阀门手柄处于上下垂直为关闭状态,水平则为打开状态),先启动真空泵,再打开真空泵出口的阀门(图1-10c,阀门手柄处于上下垂直为打开状态,水平则为关闭状态),可通过调节阀门分别对1号储液罐(左)和2号储液罐进行抽空(图1-11中V1和V2)。打开V5阀门(图1-11)对样品室及其岩芯进行抽空。

(4)饱和岩芯。抽空结束后,将真空泵出口的阀门调成水平进行关闭,停止真空泵,关闭V5阀门,需要使用1号罐液体时打开V3和V6阀门进行液体吸入,如果需要使用2号罐液体时打开V4和V6阀门进行液体吸入(图1-11)。等液体吸入后,如果样品室液体吸入不满时打开储液罐上面的阀门进行排空(注入液体拆卸时需要将上端放空阀门打开)。

第一章 油(气)层物理常用实验技术

图 1-10 真空泵部件示意图

(5)饱和结束,取下岩芯。饱和结束后,打开样品室下端阀门进行放空,同时关闭 V6 阀门,将样品室上端接头(小管子连接头)快速拆卸,液体放空后打开样品室上端堵头。

(6)若发现有泄漏,又不能通过直观的方法检查出来,则可将管路与岩芯室真空压力放空口连接氮气气源,向岩芯室及管路内通入 0.05MPa 的气体,用毛笔蘸取肥皂液涂满各管接处,发现有小气泡生成,予以拧紧密封,还不能密封的,需更换管接件,重新实验。

(7)将干燥的岩芯放入岩芯筐内,再将岩芯筐放入饱和岩芯室内,拧紧饱和岩芯室压帽。拧紧压帽时应注意用力,因该部件采用径向密封结构,密封件的适当形变直接起到保持密封的作用,并不需要将岩芯室上盖螺纹用力拧死。

图 1-11 控制面板阀门示意图

(8)向岩芯室内通入饱和液体,以让岩芯完全浸泡为标准,但不能超过抽真空口,防止损坏真空泵。

(9)岩芯饱和结束后,打开岩芯室上堵头,将饱和岩芯取出,进行数据测量,根据所得数据进行分析处理。

(10)将岩芯室冲洗干净并晾干,保持干燥,以备再次使用。

五、注意事项

(1)初次使用前请详细阅读设备说明书。

(2)运输过程中,应防止冲击和剧烈振动,不得使包装过度倾斜,更不能倒置。

(3)使用前安装好接地线。

(4)定期检验校正压力表、真空表。

(5)真空泵的使用必须严格按照说明书进行,否则会导致真空泵体氧化。

(6)若真空度达不到预设效果,检查真空泵和真空管路连接有无松动。

第二章 储层岩石物性参数的测定

本章主要介绍储层岩石基本物性参数的测定方法及原理,包括孔隙度、渗透率、比表面积、矿物组成、总有机碳含量的测定以及粒度组成的分析等。

第一节 岩石孔隙度的测定*

为了正确评价油气藏和精确地估算储量,必须知道油气藏中油、水所占孔隙体积的大小,因此对各类岩层而言,孔隙度是一个重要的储层参数。有效孔隙度是指岩石在一定压差下被石油和天然气饱和连通的孔隙体积 V_e 与岩石体积 V_b 之比值。因此不管用什么方法测定有效孔隙度,都需测得岩石的有效孔隙体积和岩石的总体积(几何体积)。测定的方法主要有饱和液体法和气体法(本实验采用气体法)。

一、实验目的

(1)了解有效孔隙度测定仪的使用方法。
(2)掌握气体法测定有效孔隙度的方法。

二、实验原理

气体法测定孔隙度主要是通过仪器测定岩样的固相体积(颗粒体积),岩样的总体积(外表体积)可用其他方法求得。有了总体积和颗粒体积,就不难求出孔隙体积,同时也可获得孔隙度。测定岩石颗粒体积是利用气体膨胀原理,在恒定温度下,已知体积(标准室体积)的气体在确定的压力下向未知室作等温膨胀,状态稳定后测定最终的平衡压力,根据玻义尔—马略特定律,求得未知室的体积。所用气体一般为氮气或氦气,本实验用干燥氮气作为气源。

根据玻义尔-马略特定律,气测孔隙度测定仪原理如图 2-1 所示。

气体在已知体积(V_k)和测试压力(P_k)下作等温膨胀到未知室,膨胀后测量最终平衡压力(P),

则

$$V_k P_k = VP + V_k P$$
$$V = V_k (P_k - P)/P$$

(2-1)

对于低压真实气体,在弹性体积中作等温膨胀,考虑到器壁的压变性,忽略一些次要因素,计算未知体积的公式为

$$V = V_k \times [(P_k - P)/P] + [(P + P_o)/P] \times G \times (P_k - P)$$

(2-2)

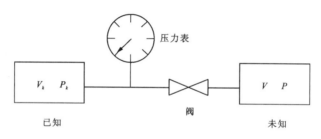

图 2-1 气测孔隙度测定仪原理示意图

式中:V 为未知室空间体积,cm³;V_k 为已知室空间体积,cm³;P_k 为已知室原始压力,MPa;P 为平衡压力,MPa;P_0 为当天大气压,MPa;G 为体积的压变系数,cm³/MPa。

由此可见,在系统 V_k、P_k、G 一定时,待测体积只是压力 P 的函数,平衡压力 P 可通过仪器测定。

综上所述,只要用同样的方法进行两次实验就可以确定出岩样的颗粒体积(V_g)。这里应指出的是:由于气测孔隙度测定仪在结构设计上考虑了精度和标准室体积的校正问题,故在测量时,岩芯杯中装满了不同体积的钢块。在测定 P_1 时,应在岩样杯中填满钢块;测定 P_2 时,应从杯中取出与岩样外表体积相同的钢块,同时记录取出钢块体积 $V_{钢}$,最后得到岩样颗粒体积为

$$V_g = V_1 + V_{钢} - V_4 \tag{2-3}$$

式中:V_1 为岩样杯中装满钢块时的未知室体积,cm³;V_4 为放入岩样及填入钢块时的未知室体积,cm³。

岩样外表体积为

$$V_b = \frac{\pi D^2 L}{4} \tag{2-4}$$

式中:D 为钢块的直径,cm;L 为钢块的长度,cm。

根据孔隙度定义,所测岩样的孔隙度为

$$\phi = (1 - V_g/V_b) \times 100\% \tag{2-5}$$

三、实验仪器

实验仪器由 QKY-I 型气体孔隙度仪及气源、气压计、游标卡尺、实验岩芯等配套设备组成。孔隙度仪如图 2-2 所示。

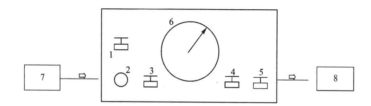

1.气源阀;2.调压阀;3.供气阀;4.样品阀;5.放空阀;6.压力表;7.气源;8.夹持器。

图 2-2 孔隙度仪结构图

孔隙度仪由控制面板、标准室、岩芯室三部分组成。通过面板压力调节器,设定初始压力,压力表显示数值,使用指定面板控制阀,使气体向样品室作等温膨胀,体积变化后的平衡压力值仍由压力表显示。仪器工作在常温、常压环境中。

四、实验步骤

(1)将待测样品加工成直径2.5cm,长度小于5cm的岩样,在105℃的烘箱中烘8h,取出后放入干燥器中冷却待用。

(2)测量岩样外表尺寸,用游标卡尺在3个不同位置测量长度和直径,取其算数平均值作为计算值。同时测出仪器配备的4块钢块的长度和直径。钢块从小到大依次为1♯、2♯、3♯、4♯。

(3)将全部钢块填入样品室,转动"T"形手柄密封于夹持器中。

(4)开启放空阀,放空岩芯室内的气体,关闭放空阀。

(5)打开气源阀,然后打开供气阀。调节调压阀,设置初始压力,向标准室供气,初始压力≤0.4MPa。

(6)关闭供气阀,压力稳定后记录初始压力(P_k)。

(7)开启样品阀,待标准室和样品室压力平衡后,记录平衡压力(P_1),此时为填满钢块时的平衡压力。

(8)开启放空阀,放空岩芯室内的气体。关闭放空阀。关闭样品阀。

(9)从样品室中取出1号钢块。封好样品室。

(10)打开供气阀,向标准室供气,看初始压力(P_k)是否变化,若有变化就调节调压阀使压力为P_k。关闭供气阀。开启样品阀,记录压力值(P_2)。这里有一点需特别说明:P_k在实验过程中应始终保持不变。

(11)从样品室中取出3号钢块,同时装入1号钢块。重复步骤(10),记录压力值(P_3)。

(12)从样品室中取出全部钢块,填入岩样,如岩样未满,用体积合适的钢块充填,密封后,重复实验步骤(10),记录压力值(P)及取出的钢块体积$V_钢$。

(13)实验完毕,打开放空阀。打开样品室,取出岩样。将4个钢块放入样品室。关闭所有阀门。

(14)清理实验用具,将仪器归位,在仪器登记本上填写使用记录。将岩样交还给老师,离开实验室。

五、计算公式

根据式(2-2),可以推导得出

$$V_1 = V_k\left(\frac{P_k - P_1}{P_1}\right) + \left(\frac{P_1 + P_o}{P_1}\right)G(P_k - P_1) \qquad (2-6)$$

$$V_2 = V_k\left(\frac{P_k - P_2}{P_2}\right) + \left(\frac{P_2 + P_o}{P_2}\right)G(P_k - P_2) \qquad (2-7)$$

$$V_3 = V_k\left(\frac{P_k - P_3}{P_3}\right) + \left(\frac{P_3 + P_o}{P_3}\right)G(P_k - P_3) \qquad (2-8)$$

$$V_4 = V_k\left(\frac{P_k-P_4}{P_4}\right) + \left(\frac{P_4+P_o}{P_4}\right)G(P_k-P_4) \tag{2-9}$$

式中：V_1 为岩样杯中装满钢块时的未知室体积，cm^3；V_2 为从杯中取出 1 号钢块时的未知室体积，cm^3；V_3 为从杯中取出 3 号钢块，装回 1 号钢块时的未知室体积，cm^3；V_4 为放入岩样及填入钢块时的未知室体积，cm^3。

由式(2-6)和式(2-7)得

$$V_2 - V_1 = V_k\left(\frac{P_k}{P_2} - \frac{P_k}{P_1}\right) + \left[\left(\frac{P_k}{P_2}-1\right)(P_2+P_o) - \left(\frac{P_k}{P_1}-1\right)(P_1+P_o)\right]G \tag{2-10}$$

由式(2-6)和式(2-8)得

$$V_3 - V_1 = V_k\left(\frac{P_k}{P_3} - \frac{P_k}{P_1}\right) + \left[\left(\frac{P_k}{P_3}-1\right)(P_3+P_o) - \left(\frac{P_k}{P_1}-1\right)(P_1+P_o)\right]G \tag{2-11}$$

令

$$A = \frac{P_k}{P_3} - \frac{P_k}{P_1}$$

$$B = \left(\frac{P_k}{P_3}-1\right)(P_3+P_o) - \left(\frac{P_k}{P_1}-1\right)(P_1+P_o)$$

$$C = \frac{P_k}{P_2} - \frac{P_k}{P_1}$$

$$D = \left(\frac{P_k}{P_2}-1\right)(P_2+P_o) - \left(\frac{P_k}{P_1}-1\right)(P_1+P_o)$$

所以

$$V_2 - V_1 = CV_k + DG$$
$$V_3 - V_1 = AV_k + BG$$

整理后得

$$G = \frac{A(V_2-V_1) - C(V_3-V_1)}{AD-BC} \tag{2-12}$$

$$V_k = \frac{D(V_3-V_1) - B(V_2-V_1)}{AD-BC} \tag{2-13}$$

式中：(V_2-V_1) 为第一次取出的 1 号钢块体积；(V_3-V_1) 为第二次取出的 3 号钢块体积。

岩样颗粒体积，岩样外表体积，孔隙度可分别由式(2-3)、式(2-4)、式(2-5)求出。测量数据及计算结果需认真记录，如表 2-1、表 2-2 所示。

表 2-1 岩石孔隙度测量数据原始记录表

样号：_____ 室温：_____ 空气湿度：_____ 测试日期：_____

	L/cm	D/cm	P_k/MPa	P_1/MPa	P_2/MPa	P_3/MPa	P_4/MPa	P_o/MPa	$V_{钢1}$/cm^3	$V_{钢3}$/cm^3	$V_{钢}$/cm^3
1											

表 2－2　岩石孔隙度测量数据计算结果表

	A	B	C	D	V_2-V_1/cm³	V_3-V_1/cm³	V_k/cm³	G/cm³·MPa⁻¹	V_g/cm³	V_b/cm³	ϕ/%	$\bar{\phi}$/%

六、注意事项

(1) 仪器应小心操作,样品应轻拿轻放,杜绝人为损坏。
(2) 调节压力必须精确,且系统压力稳定后方可读数。
(3) 测量时,原则是使被测样品留存于样品室的空间体积最小。

第二节　岩石克氏渗透率测定

在层流、岩石与流体不起反应以及 100% 为流动流体饱和的条件下,岩石的液体渗透率是一常数,与压力无关。而气体流动则由于"滑脱效应"的影响,使得在低压下的气测渗透率大于液体渗透率。对于低渗透岩样,这种差别就更明显。

1941 年,美国工程师 Klinkenberg 根据实验资料和理论推导,得出如下结论"用同一岩石、不同气体测得的渗透率和平均压力的倒数呈直线关系,该直线与纵坐标的交点的气体渗透率与同一岩石的液体渗透率是等价的,故称其为等价液体渗透率",如下图 2－3 所示。

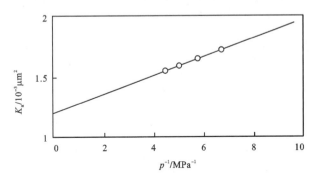

图 2－3　克氏渗透率测定

克氏渗透率指的就是这一等价液体渗透率,其表达式:

$$K_g = K_\infty (1 + b/p) \tag{2-14}$$

式中:K_g:气体渗透率,$10^{-3} \mu m^2$;P:测点平均压力 MPa;K_∞:克氏渗透率;b:Klinkenbeg 系数。

一、实验原理

利用单相流体(一般用气体,本实验所用气体为氮气)通过岩样所测得的渗透率称岩石的绝对渗透率。实验的基本原理是可压缩气体达西直线渗滤定律。

二、仪器结构

该仪器主要由气源系统、岩心夹持器系统和测量系统三个部分组成。

(1)气源系统。本实验气源由气瓶提供,再分两路,一路通过调压阀调压,提供岩心夹持器围压;另一路经过测试调压阀给样品提供测试气流。

(2)夹持器系统。岩心室系统由岩心筒和胶套组成。

(3)排水法测量气体流量。量筒、秒表、脸盆等。

三、测试过程

(1)用岩心钻取机将取来的岩样钻成 2.5×3cm 大小的圆柱体,并检查岩样有无裂缝,然后编号,置于烘箱中烘干,烘干温度为 105℃,烘干时间不小于 12h。

(2)用游标卡尺量出岩样的直径及长度,测量精度为 0.02mm。

(3)将岩样放放岩心夹持器中,旋紧固定螺丝,此时准备工作完毕。

(4)缓缓打开环压阀,使压力保持在 2MPa 左右,将岩样封住。关闭环压。

(5)打开气源阀,调节调压阀,建立第一次测量压差 $P_表$ 为 0.2MPa 左右(视气体流量而定,第一个点的流量测量值不宜过高),待压力稳定后,读出具体压力值。

(6)测流量 Q,用排水法测量气体流量。

(7)同样方法,调节不同的压力,得到不同的流量值。每个样测量 5~6 次,注意最高压力不得大于 1MPa。

(8)待测试完毕后,先关测试阀,再关闭气源阀。打开环压放空阀,使环压表的指针为零,关闭放空阀。

(9)拧松岩芯夹持器的固定螺丝,取出岩样。

(10)清理实验用具,将仪器归位,在仪器登记本上做使用记录。将岩样交还给老师,实验结束。

四、计算

(1)由气压计读出当天大气压 P_0 和室温 T_0,查空气温度-黏度一览表,记录空气的黏度。

(2)由游标卡尺量出岩样的直径,计算截面积。

(3)用游标卡尺量出岩样的长度。

(4)根据已测出的参数 $P_表$、Q,代入公式计算岩样的绝对渗透率值。

近水平稳定线性渗流岩石的绝对渗透率:

$$K=\frac{Q\mu L}{A\Delta P} \tag{2-15}$$

气体通过岩心,当压力从 P_1 变化到 P_2 时,气体的体积也必然发生变化,因此必须用平均体积流量 $\overline{Q}$ 来代入计算。

$$k_g=\frac{\overline{Q}\mu L}{A\Delta P} \tag{2-16}$$

可压缩气体等温等压过程：
$$P_1Q_1 = P_2Q_2 = P_0Q_0 = \overline{PQ} \tag{2-17}$$

Q_0—在大气压 P_0 下的体积流量；

$\overline{Q}$ 在平均压力 $\overline{P} = \frac{1}{2}(P_1+P_2)$ 下的平均体流量。

$$\overline{Q} = \frac{P_0 Q_0}{\overline{P}} \qquad \overline{Q} = \frac{2P_0 Q_0}{p_1+p_2}$$

得
$$K_g = \frac{2P_0 Q_0 \mu L}{A(P_1^2 - P_2^2)} \tag{2-18}$$

因为 $P_2 = P_0$，$P_1 = P_0 + P_\text{表}$

所以
$$K_g = \frac{2P_0 Q_0 \mu L}{A \cdot P_\text{表} \cdot (P_\text{表} + 2P_0)}$$

式中：K_g 为岩样的渗透率，($10^{-3}\mu m^2$)(保留小数点后四位有效数字)；P_0 为大气压，(Pa)；$P_\text{表}$ 为上流压力表的读数，(Pa)；Q_0 为空气流量，(cm^3/s)；μ 为空气黏度，($mPa \cdot s$)；L 为岩样长度，(cm)；A 为岩样截面积，(cm^2)。

(5) 在不同 $P_\text{表}$ 下，测得相对应的绝对渗透率值 K_g。作 $K_g - \frac{1}{\overline{P}}$ 曲线的纵截距则为克氏渗透率值。

表 2-3　克氏渗透率原始记录表

岩样号：　　　　大气压(Pa)　　　　室温(T)　　℃　　空气黏度：

测量次序	D(cm)	L(cm)	A(cm²)	P表(MPa)	排水体积 cm³	时间 t(s)	Q(cm³/s)	μ(Pa·s)	$K_g(\mu m^2)$
1									
2									
3									
4									
5									
6									

第三节　岩石比表面积的测定

岩石比表面积是表示岩石粗细程度的一种重要指标，可指示物体的分散度，而许多物理化学现象(如气体分子吸附)都涉及物体的分散度，因此，比表面积是研究分散介质性能和研究岩石吸附特性、孔渗饱物性的重要指标。

一、测定原理

单位体积岩石内颗粒的总表面积,或单位体积岩石内总孔隙的内表面积称为岩石的比表面积,其单位通常用 cm^2/cm^3 表示。岩石颗粒越细,形成的孔道越小,则一定量的空气通过岩样时遇到的阻力也越大,这样测得的比表面积也越大;反之,比表面积就越小。

岩石比表面积的大小与岩石的其他物性(渗透率、孔隙度、吸附能力等)有关,特别是与孔隙度、渗透率的关系很大,它们之间的关系为

$$S = 14\sqrt{\frac{\phi^3}{(1-\phi)^2}} \cdot \sqrt{\frac{1}{K}} = 14\sqrt{\frac{\phi^3}{(1-\phi)^2}} \cdot \sqrt{\frac{A}{L}} \cdot \sqrt{\frac{H}{Q}} \cdot \sqrt{\frac{1}{U}} \qquad (2-19)$$

式中:S 为岩样的比表面积,cm^2/cm^3;A 为岩样的截面积,cm^2;L 为岩样的长度,cm;ϕ 为岩样的孔隙度;Q 为通过岩样的气体流量,cm^3/s;H 为相应于流量 Q 时岩样两端的压差(水柱高),cm;U 为空气黏度,$Pa \cdot s$。

由式(2-19)可以看出,当岩样的孔隙度为已知,A 和 L 可直接量出,U 由查表得到后(表2-4),只要通过压差计测得空气通过岩样的压差 H 及相应的流量 Q,便可计算出岩样的比表面积。

表2-4 空气温度-黏度一览表

温度/℃	黏度/mPa·s	温度/℃	黏度/mPa·s
0	0.017 10	16	0.017 90
1	0.017 15	17	0.017 95
2	0.017 15	18	0.018 00
3	0.017 25	19	0.018 00
4	0.017 30	20	0.018 10
5	0.017 35	21	0.018 15
6	0.017 40	22	0.018 20
7	0.017 45	23	0.018 25
8	0.017 50	24	0.018 30
9	0.017 55	25	0.018 35
10	0.017 60	26	0.018 40
11	0.017 65	27	0.018 45
12	0.017 70	28	0.018 50
13	0.017 75	29	0.018 55
14	0.017 80	30	0.018 60
15	0.017 85		

二、仪器组成

岩石比面仪主要由岩芯夹持器、压差计和唧筒组成(图2-4)。测量时打开排水开关,水从唧筒中流出,瓶内压力降低,空气从进气孔经岩样进入唧筒内。当压差计上的水柱高度一定时,进入的空气量等于排出的水量,用量筒量出相应压差下流出的水量,便可按式(2-19)计算出岩样的比表面积。

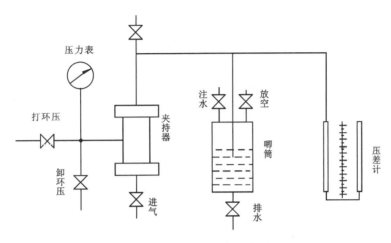

图2-4 岩石比面仪示意图

三、操作步骤

(1)待测岩样必须保证是干燥的,用游标卡尺量出岩样的长度和直径,算出岩样的截面积。

(2)将量好的岩样放入岩芯夹持器,为确保岩样与夹持器之间不发生窜流,应加0.7~1MPa的环压。

(3)打开放空开关和注水开关,向瓶内灌水,大约灌2/3即可关上放空开关和注水开关,一定要关紧。

(4)检查仪器是否有漏气现象。打开排水开关,放出少量的水后,关闭排水开关和岩芯夹持器进气孔,看压差计的液面是否有变化,如不变化,则不漏气;如有变化,应进行检修直至不漏气为止。

(5)准备好秒表和量筒,打开排水开关,并用它来控制流出的水量,待压差计的压力稳定在某一高度后,一手拿秒表,一手拿量筒,测量相应压差(H)下一定时间内流出的水量,记录相应的时间,然后逐次增大排水量,用同样的方法至少测定3个水量Q和与之相应的H值(流量应从小到大变化)。

(6)关上排水开关,计算单位时间内流出的水量Q,将Q和相应的H代入公式,并根据其他已知量算出岩样的比表面积。

第四节 岩石矿物组成的测定

一、色谱法

在固定和流动相中不同组间的分子均处于不断的流动状态,在补充的过程中以达到相互平衡,选择色谱法对岩石矿物成分进行测定和分析就是通过该原理来实现的。将不同分子在不同固定和流动相上实现分离,对不同相上的分子质量和性质进行研究,并将亲和色谱与粒子交换色谱之间进行有机结合,在完成分配和吸附之后,借助粒子交错色谱综合整理以上的结构,通过测定和分析不同色谱内的矿物成分,就能极易获取到岩石矿物成分的定性和定量测量结果,根据分析得到的结果形成系统的分析报告,便于相关技术人员进行参考分析。

二、光谱分析法

当前,光谱分析法是众多分析和测定矿物成分中最为常用的方法。光谱分析法主要是对岩石矿物成分的吸收和发射情况进行测定,借助于相关仪器通过图像的方式显示,在对图像计算过后就能获取到矿物内相关成分的具体含量数值。通过分析紫外线和可见光光谱,可以实现对岩石矿物成分的多方面研究,进而获取到与岩石矿物成分相对应的数据资料,该方法是岩石矿物成分测定及分析中较为完备的方法。光谱分析法具有分析速度快、操作简单、不需纯样品、可同时测定多种元素或化合物、选择性好、灵敏度高、样品损坏少等优点;但也有一定的局限性,光谱定量分析应建立在相对比较的基础上,必须有一套标准样品作为基准,而且要求标准样品的组成和结构状态应与被分析的样品基本一致。本章节以光谱分析法测量模拟天然岩芯的矿物组成为例,说明岩石矿物组成测定的实验方法。

(一)实验原理

由于不同矿物的近红外漫反射光谱不同,为利用近红外漫反射光谱技术快速测定岩石矿物成分提供了可能性。近红外漫反射光谱(near infrared diffuse reflectance spectroscopy)分析技术与计算机技术有机结合后迅速发展,与传统方法相比其具有快速、无损、准确等特点。

(二)实验材料及仪器

样本:将较高纯度的高岭土、蒙脱石和白云母的块状单矿物粉碎成粉末状样本,3种粉末样本按照一定体积比例组成混合物,模拟天然岩芯。

仪器:天然岩石成分分析系统由近红外光谱采集单元、采集控制单元和计算机显示控制单元组成。近红外光谱采集单元由近红外光谱仪(波长范围为900~2500nm,最高分辨率为15nm,信噪比为1200:1,16位A/D转换卡500kHz)、InGaAs线阵探测器(256像素,带2级制冷,采样速度$1.06ms^{-1}$)、WS-2参考白板、光纤(FC-IR600-2-MS,光纤视场角度2°,探测光斑直径4mm)组成。采集控制单元由可升降、平移和旋转的控制台组成。控制台控制光纤探头的上下运动和样本左右、旋转运动。

(三)实验步骤

把样品放在机器下进行测量,得出光谱图。

(四)实验数据处理

实验过程中外界自然光、实验室日光灯、实验仪器发热等,会对得到的近红外光谱形成噪声影响。为了消除这些影响,在建立数学校正模型之前要对原始光谱进行预处理。

首先对波长在950~2450nm的光谱采用了平滑、一阶导数、五点平滑滤波、标准归一化4种方法进行预处理,然后用主成分回归(PCR)、偏最小二乘法(PLS)、人工神经网络(BP-ANN)和随机森林(Random Forst)进行数学建模,对未知组成成分的样本进行预测。比较最终的最小均方根误差发现标准归一化是最佳的预处理方法,能消除矿物光谱中大量的散射噪声的影响,有效地优化了原始数据。

三、热差分析法

热差分析法在矿物成分性质研究和热力学研究中得到了广泛应用,在热力学研究方法原理的基础上对岩石矿物成分进行测定和分析,并对其改进而形成热差分析法,即在程序控制温度下,测量物质和参比物之间的温度差与温度关系的一种技术。热差分析法可利用样品中的各种物理及化学特性,如水溶性、分解性、导电性、脱水性等,在岩石矿物成分测定和分析过程中发挥着重要作用,同时还广泛应用在冶炼、化工和建筑行业等领域。在热差分析法中用专业的热分析方式与理论知识相结合,可以极易筛选目标材料,通过对加工材料进行规范,可以进一步提升矿成分测定和分析情况效率。

四、元素分析法

元素分析法在研究特征谱线中使用的最为广泛。通过对矿物元素的原子及最外层的电子进行分离和分析,进而激发元素达到最佳的活跃状态,将稳定状态的矿物元素跃迁到活跃状态的矿物元素所释放的能量值,以及基态到激发态的其他数据一一记录下来,根据这些记录的数据和相关方程式就能很容易地获取到岩石矿物元素的成分含量,同时还能得出不同元素所占据的比例、元素化学键和化学特征等。在光谱分析法还没有出现之前,对岩石矿物成分测定及分析的主要方法是元素分析法,该方法与光谱测定法结合使用可进一步增强测定和分析的效率、准确性水平,在测定和研究岩石矿物成分中具有较强的应用价值。在实际的岩石矿物成分测定及分析中,应对元素分析法进行全面应用,将对光谱分析的辅助作用充分发挥出来。

五、化学分析法

化学分析法是化学分析的基础,又称为经典分析法。它对岩石矿物中的化学成分进行对比分析后,计算其含量,通过对比分析计算获取到的理论值和实际值差异。该方法有较强的客观性,可进一步提高矿物岩石成分的测定和分析效率,进而获取到准确性和科学性相对较强的结果,以利于对矿产资源进行充分的开发和利用。

第五节　岩石总有机碳含量的测定

岩石中总有机碳含量(total organic carbon,TOC)是石油地质开发的重要参数,总有机碳含量很大程度影响着岩石的生烃能力。目前实验室测定岩石总有机碳含量的方法主要有热解法、仪器测定法、干烧重量法。

一、热解法测定页岩有机碳含量

(一)实验原理

热解法测定页岩有机碳的主要设备是岩石热解仪。它的原理是先将样品放在热解炉内,然后对其进行程序升温,使岩石样品中的有机质在不同温度下进行裂解,部分有机碳裂解成烃类物质,通过载气(氦气)的携带使其与岩石样品进行定性的物理分离,由氢火焰离子化检测器进行检测,热解后的样品放入氧化炉内,在600℃高温下通入空气,将样品中的残余有机碳氧化成 CO_2 和少部分 CO,由热导检测器检测,将其浓度转化为相应的电信号经计算机软件处理,从而可以得出样品中有机碳含量。

(二)实验仪器

样品与试剂:氢气,纯度99.99%;氦气,纯度99.99%;压缩空气;无水硫酸钙;变色硅胶;烧碱石棉(20～30目);二氧化碳吸附剂;二氧化锰。

实验仪器:岩石热解分析仪(图2-5)、氢气发生器(图2-6)、空气压缩机、电子天平。

图2-5　OGE-Ⅱ岩石热解分析仪

图2-6　GCH-300氢气发生器

岩石热解分析仪工作参数见表2-5。

表 2-5 岩石热解分析仪工作参数

工作参数	气体流量/(mL·min^{-1})	工作参数	工作压力/MPa
热解载气氮气	50	氢气	0.3~0.4
热解燃气氢气	28	氮气	0.2~0.3
热解空气	350~450	空气	0.3~0.4
氧化空气	80~100		
清洗气氮气	40		

(三)实验步骤

(1)将样品粉碎后,用孔径为 0.2mm 的筛子过筛。

(2)打开各气源,待氢气、氮气和空气压力达到设定值后,开启岩石热解仪主机,设置仪器工作参数,并进行程序升温。

(3)升温完成后,用岩石热解标准物质对仪器进行校准,待仪器稳定后,准确称取 0.1g 样品于样品池中上机进行测定。

(4)点击数据分析,程序会自动给出试样的测定结果。

(四)实验数据处理

按照本节分析方法,对空白样品池重复进行 10 次有机碳含量的测定,以测定结果标准偏差的 3 倍计算出该方法的检出限。

对于结果误差进行分析,对样品进行多次测量,然后算出平均值,根据每个样品的推荐值,可求出相对误差(RSD)。

$$RSD=(推荐值-平均值)$$

二、仪器测定法测沉积岩中总有机碳含量

(一)实验原理

用稀盐酸去除样品中的无机碳后,在高温氧气流中燃烧,使总有机碳转化成二氧化碳,经红外检测器检测并给出总有机碳的含量。

(二)仪器和试剂

实验仪器:碳硫测定仪或碳测定仪(图 2-7)、瓷坩埚(碳硫分析专用,使用前应置于马弗炉中,在 900~000℃下灼烧 2h)、分析天平(感量为 0.1mg)、马弗炉、可控温电热板或水浴锅、烘箱、真空泵、抽滤器、坩埚架。

实验样品:盐酸溶液,用分析纯盐酸按 HCl:水=1:7(V/V 配置);无水高氯酸镁(分析纯);碱石棉;玻璃纤维;脱硫专用棉;铂硅胶;铁屑助熔剂,$\omega(C)<0.002\%$,$\omega(S)<$

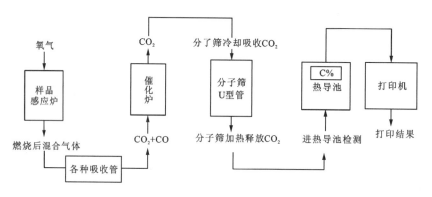

图 2-7 碳测定仪分析原理示意图

0.002%；钨粒助熔剂，$\omega(C)<0.001\%$，$\omega(S)<0.0005\%$，粒径 0.35～0.83mm；各种碳含量的仪器标定专用标样；氧气，纯度 99.9%；压缩空气或氮气（无油，无水）。

(三)分析步骤

1. 样品制备及处理

(1)碎样：将样品磨碎至粒径小于 0.2mm，磨碎好的样品质量不应少于 10g。

(2)称样：根据样品类型准备 0.01～1.00g 试样，精确至 0.0001g。

(3)溶样：在盛有试样的容器中缓慢加入过量的盐酸溶液，放在水浴锅或电热板上，温度控制在 60～80℃，溶样 2h 以上，至反应完全为止。溶样过程中试样不得溅出。

(4)洗样：将酸处理过的试样置于抽滤器上的瓷舟里，用蒸馏水洗至中性。

(5)烘样：将盛有试样的瓷舟放入 60～80℃的烘箱内，烘干待用。

2. 实验步骤

(1)检查各吸收剂的效能，吸收剂有无水高氯酸镁（分析纯）、碱石棉、玻璃纤维、脱硫专用棉。

(2)开机稳定：稳定时间按仪器说明书进行。

(3)通气：接通氧气及动力气，按仪器要求调整压力。

(4)系统检查：待仪器稳定后，按仪器说明书进行。

(5)仪器标定：根据样品类型对选定的通道选用高、中、低 3 种碳含量合适的仪器标定专用标样进行测定，测定结果应达到仪器标定专用标样不确定度的要求，否则应调整校正系数重新进行标定。

(6)空白试验：取一经酸处理的瓷坩埚加入铁屑助熔剂约 1g、钨粒助熔剂约 1g 进行测量，测量结果碳含量（质量分数）不应大于 0.01%。

(7)样品测定：在烘干的盛有试样的瓷坩埚中加入铁屑助熔剂约 1g、钨粒助熔剂约 1g，输入试样质量，上机测定。每测定 20 个试样应清刷燃烧管一次，并插入仪器标定专用标样检测仪器。如果检测结果超出仪器标定专用标样的不确定度，应重新标定仪器。

(四)实验数据处理

每批样品测定应有10%的平行样,两次或两次以上测定结果[以质量分数(%)表示]的重复性和再现性应符合以下规定。

本方法在正常和正确操作情况下,由同一操作人员,在同一实验室内,使用同一仪器,并在短期内,对相同试样所做两个单次测试结果之间的差值超过重复性,平均来说20次中不多于1次。

三、干烧重量法测沉积岩中总有机碳含量

(一)实验原理

用稀盐酸去除样品中的无机碳后,在高温氧气流中燃烧,使总有机碳转化成二氧化碳,经红外检测器检测并给出总有机碳的含量。

(二)实验仪器与试剂

实验仪器:总有机碳测定实验装置(图2-8)、天平(感量为0.01mg)瓷舟。

实验试剂:盐酸溶液,用分析纯盐酸按HCl:水=1:7(V/V配置);无水高氯酸镁(分析纯);碱石棉;玻璃纤维;脱硫专用棉;铂硅胶;铁屑助熔剂,$\omega(C)<0.002\%$,$\omega(S)<0.002\%$;钨粒助熔剂,$\omega(C)<0.001\%$,$\omega(S)<0.0005\%$,粒径0.35~0.83mm;各种碳含量的仪器标定专用标样;氧气,纯度99.9%;压缩空气或氮气(无油,无水)。

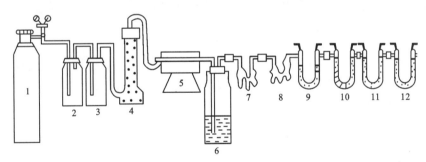

1.氧气钢瓶;2.安全瓶;3.洗气瓶(内盛40%NaOH);4.干燥塔(内装无水氯化钙);5.管式燃烧炉及石英管;6.硫吸收瓶(内装3%过氧化氢);7.钾球(内装10%硝酸银);8.钾球(内装浓硫酸);9.大"U"形管(内装无水高氯酸镁);10、11.称量"U"形管(进气端装入2/3管烧碱石棉,出气端装入1/3管高氯酸镁);12."U"形管(内装试剂与10、11相同,方向相反)。

图2-8 干烧重量法测定总有机碳装置示意图

(三)分析步骤

(1)碎样:将样品磨碎至粒径小于0.2mm,磨碎好的样品质量不应少于10g。

(2)称样:根据样品类型准备0.01~1.00g试样,精确至0.0001g。

(3)溶样：在盛有试样的烧杯中缓慢加入40～50mL的盐酸溶液，放在水浴锅或电热板上，微沸20min。

(4)转移：在三角漏斗中用酸洗石棉过滤溶液，并用热蒸馏水洗至无氯离子。残渣和酰洗石棉全部转移到瓷舟中。

(5)烘样：将盛有试样的瓷舟放入70～80℃的烘箱内，烘干待用。

(6)恒重(质量)称量"U"形管：每批样品测试前，将称量"U"形管置于样品测定装置系统中，通气至恒重(质量)，连续两次的称量之差不应该超过0.4mg。

(7)灼烧：①将管式炉升温至1000～1100℃，通入氧气，控制流速在每秒1～2个气泡；②检查系统有无漏气，并将系统内的空气赶出，接上已经恒重(质量)的"U"形管；③将装有样品的瓷舟送入管式炉石英管中，通氧气，打开2个"U"形管的活塞，1～2min后将瓷舟推入高温区，继续灼烧10min，关闭2个"U"形管的活塞；④用绸布轻轻擦净称量"U"形管，放入干燥器内，2～3min后称量；⑤换上另外2个已恒重(质量)的"U"形管，分析下一个样品，或关闭氧气阀结束分析。

(8)测定空白值：测定样品的同时，必须按(3)～(7)步骤测定两个空白值。

(四)数据处理

测量样品总有机碳含量计算公式为

$$C = \frac{(A-B) \times 0.2727}{W} \times 100\% \tag{2-20}$$

式中：C 为测定样品中的总有机碳含量；A 为称量"U"形管增量，g；B 为测定空白值，g；W 为测定样品质量，g；0.2727 为二氧化碳中碳的质量分数。

每批样品分析要有10%的平行样，平行样测定结果应符合表2-6的规定。

表2-6 干烧法测量总有机碳含量误差范围

总有机碳含量范围	相对误差	绝对误差	总有机碳含量范围	相对误差	绝对误差
≤0.1	—	≤0.03	>0.5～1.0	≤8	—
>0.1～0.3	≤15	—	>1.0～3.0	≤5	—
>0.3～0.5	≤10	—	>3.0	≤3	—

相对误差计算公式为

$$d = \frac{X_1 - X_2}{X_1 + X_2} \times 100\% \tag{2-21}$$

绝对误差计算公式为

$$S = \frac{X_1 - X_2}{2} \tag{2-22}$$

式中：d 为相对误差；S 为绝对误差；X_1 为第一次测定结果；X_2 为第二次测定结果。

第六节 岩石扫描电子显微镜成像

一、工作原理

聚集高能电子束在样品表面扫描产生各种信息(二次电子、背散射电子、透射电子、吸收电子等),这些信息经检测器接受大单元放大后反馈送到显示器,电子束和显示器同步扫描,达到成像的目的(图2-9、图2-10)。

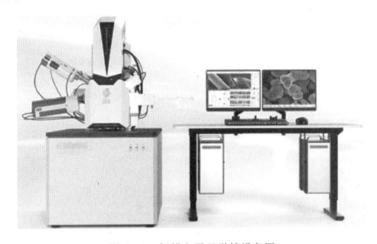

图2-9 扫描电子显微镜设备图

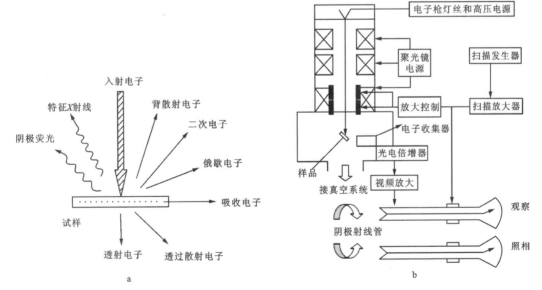

a.电子束照射样品后得到的不同信号;b.扫描电子显微镜工作原理图

图2-10 扫描电子显微镜示意图

二、仪器、设备、材料及试剂

(1)仪器:扫描电子显微镜、生物显微镜、偏光显微镜。
(2)附属设备:镀膜机、恒温恒湿机、超声波清洗机、稳定电源。
(3)暗室设备:放大机、印相机、上光机。
(4)材料:乳胶、导电胶、金、光谱纯、胶带、胶卷、显影粉、定影粉、放大纸、印相纸。
(5)试剂(化学纯):丙酮、乙醚、石油醚、三氯化钾、无水乙醇、盐酸。

三、实验步骤

(一)岩样制备方法

(1)洗油:含油样品需用氯仿或四氯化碳抽提24h。
(2)选观察面:把有代表性、平整的新鲜面作为观察面。
(3)酸化:用2%盐酸浸泡,灰岩浸泡3s,白云岩浸泡15s。
(4)清洗:用蒸馏水或超声波清洗。
(5)上桩:把样品粘在样品桩上。
(6)干燥:自然晾干或者放入50℃恒温箱中烘干。
(7)除尘:用洗耳球吹掉表面灰尘。
(8)镀膜:在真空镀膜机上镀金。

(二)流程

(1)砂岩、砾岩、泥岩及火成岩样品:洗油—选取观察面—上桩—干燥—除尘—镀膜。
(2)碳酸盐岩样品:洗油—选取观察面—酸化—清洗—上桩—干燥—除尘—镀膜。
(3)粉末样品:将粉末样品均匀分散在粘有胶带的样品桩上,然后镀膜。
(4)单矿物及化石样品:把样品按顺序排列在粘有胶带的样品桩上,然后镀膜。

(三)开机扫描

扫描电子显微镜开机,确定仪器处于正常稳定工作状态后,即可对样品进行扫描成像。

四、结果分析

(一)砂岩、砾岩

(1)结构。在低倍镜下观察并拍摄有代表性的照片。
(2)孔隙。观察孔隙、裂隙的特征、类型和产状;观察孔隙大小。孔隙类型分为粒间、粒内、铸膜、胶结物内裂隙、微裂隙。
(3)胶结物。观察胶结物类型及产状。高岭石为六角板状,常呈书页状、蠕虫状集合体;伊利石为弯曲片状、丝状;蒙脱石为片状、蜂窝状、棉絮状;绿泥石为针叶状,常呈绒球状及玫瑰花朵状集合体。其他胶结物有碳酸胶结物、碳酸盐胶结物、硫化物、沸石胶结物。胶结物产状分为充填式和衬垫式。

(4)成岩后生变化,如石英加大;溶蚀作用;矿物转变:长石、高岭石或伊利石;矿物交代:白云石化、硅化或膏化。

(二)碳酸盐岩

(1)粒屑形态特征及溶蚀变化。
(2)泥晶基质组分特征。
(3)胶结物组合特征。
(4)晶粒级别及接触方式。
(5)碳酸盐岩的孔隙结构。原生孔隙有粒间、粒内、生物孔隙;次生孔隙有结构选择性孔隙(粒内、铸膜及次生粒间孔隙)与非结构选择性孔隙(白云石化、溶孔、溶洞及溶沟)。
(6)碳酸盐岩的成岩后生变化。观察分析溶蚀和交代等特征。

(三)石英颗粒特征

(1)形态特征分析大小和磨圆度等。
(2)表面特征应观察分析断口、擦痕、晶体生长、撞击坑、硅质球和解理。

(四)泥岩

观察分析黏土矿物形态特征及其孔隙、裂缝。

(五)火成岩

观察结构、蚀变、孔隙和裂缝等。

(六)孔隙铸体观察

观察分析孔隙发育、连通情况及喉道形态等。

(七)粉末、单矿物及化石样品

观察分析表面结构及形态特征。

五、图像处理

利用图像处理软件对储层岩石微观孔隙结构 SEM 图像进行图像采集、图像处理、尺寸测量、计数等,并填写实验记录,形成分析报告(表 2-7、表 2-8)。

表 2-7 岩石样品扫描电子显微镜分析原始记录

地区:　　　　井号:　　　　仪器型号:　　　　分析日期:

分析号	原始编号	井深	层位	岩性	鉴定记录	照片序号	放大倍数	能谱分析

表 2-8 岩石样品扫描电子显微镜分析报告(格式)

地区：　　　　井号：　　　　分析日期：　　　　共　页　　　　第　页

序号		分析号		原编号		仪器型号	
井号		井深		层位		温度	
岩性						湿度	综合分析
照片号		放大倍数				能谱分析	
描述							
岩性						湿度	
照片号		放大倍数				能谱分析	
描述							
岩性						湿度	
照片号		放大倍数				能谱分析	
描述							

第七节　岩石微观结构扫描测试(CT)

一、实验原理

CT 扫描主要应用 X 射线在穿透物质的过程中强度呈指数关系衰减的原理。CT 技术所测定的是线性衰减系数 μ，μ 越大表明该点的密度越大，μ 的分布情况代表了物质密度的分布。通常将衰减系数转换成 CT 数，定义 CT 数为物体相对于水的衰减系数。

二、实验仪器

Micro-CT 微焦点计算机扫描仪(图 2-11)，分辨率为 $1.0\mu m$ 以下，最大射线电压为 100kV；恒温箱；驱油泵；中间容器；其他辅助设备。

图 2-11　Micro-CT 微焦点计算机扫描仪(布鲁克 SKYSCAN 1272 CMOS Edition)

三、实验步骤

(1)天然岩芯洗油,测岩芯渗透率。
(2)样品岩芯在45℃条件下恒温12h。
(3)在恒定围压20MPa下,逐渐增加(降低)岩芯流体(氮气)压力。
(4)CT扫描,测量不同压力稳定条件下的岩芯孔隙结构参数。

第八节　粒度组成分析

颗粒是具有一定尺寸和形状的微小物体,包括固体颗粒、液滴和水泡。颗粒的大小称为粒度,用特定方法测定的不同粒径区间内的颗粒占总量的百分数为粒度分布。颗粒的尺寸一般界定在1nm～1mm之间,粒度是粉体材料的主要性能指标,如水泥的水化反应、涂料的附着力和遮盖率、锂电池材料额容量、药物分解速度等。

一、实验目的

(1)了解颗粒粒径分布测量的原理。
(2)了解激光粒度仪的使用方法。

二、实验原理

由激光器发出的一束激光,经滤波、扩束、准值后变成一束平行光,在该平行光束没有照射到颗粒的情况下,光束穿过富氏透镜后在焦平面上汇聚形成一个很小很亮的光点——焦点,如图2-12所示。

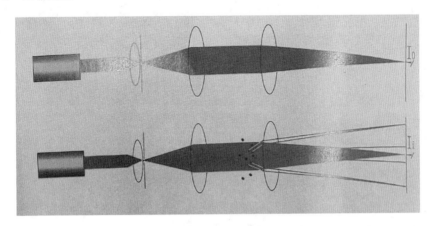

图2-12　激光折射原理

当样品通过分散系统均匀送到平行光束中时,颗粒将使激光发生散射现象,一部分光与光轴呈一定的角度向外散射,如图2-12所示。理论与实践都证明,大颗粒引发的散射光的散射角小,小颗粒引发散射光的散射角大。这些不同角度的散射光通过富氏透镜后将在焦平面上将形成一系列的光环,由这些光环组成的明暗交替的光斑称为 Airy 斑。Airy 斑中包含着丰富的粒度信息,简单地理解就是半径大的光环对应着较小粒径的颗粒信息,半径小的光环对应着较大粒径的颗粒信息;不同半径上光环的光能大小包含该粒径颗粒的含量信息。在焦平面上安装一系列光电接收器,将这些光环转换成电信号,并传输到计算机中,再根据米氏散射理论和反演计算,就可以得出粒度分布。

三、实验仪器

Bettersize2000 激光粒度分布仪,通过数据线与电脑相连接。Bettersize2000 激光粒度分布仪如图 2-13 所示。

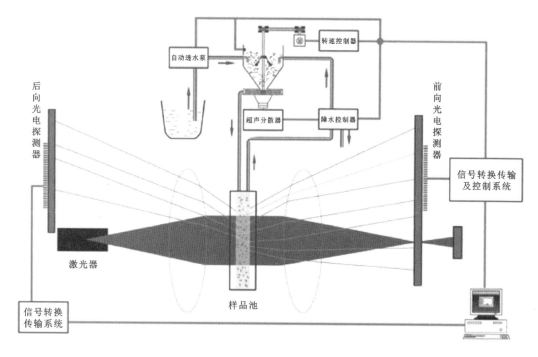

图 2-13 激光粒度分布仪结构示意图

四、实验步骤

(一)开关机顺序

(1)开机顺序:打开电脑→显示器→粒度仪→粒度分析软件。
(2)关机顺序:关闭粒度分析软件→粒度仪→电脑→显示器。

(二)常规测试流程

双击桌面图标 进入"百特激光粒度分布仪分析系统 V8.0",如图 2-14 所示。

第二章 储层岩石物性参数的测定

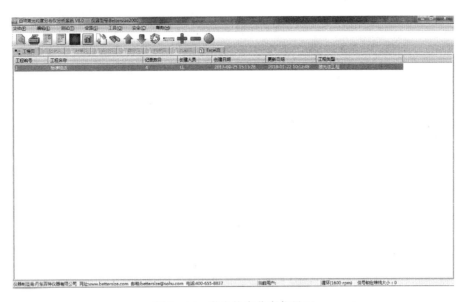

图 2-14 激光粒度分布仪界面

1. 建立文档及相关准备工作

(1)在软件空白处单击鼠标右键—新建工程,然后输入相关信息。

(2)填写文档信息,在软件主页面点击 ▇ ,进入测试过程页面,输入样品名称、测试人员等信息。

(3)设置光学参数和测试参数,选择合适的物质、介质及分析模式(根据样品实际情况设置),如图 2-15 所示。

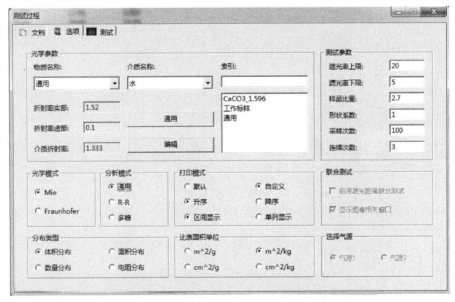

图 2-15 激光粒度分布仪设置界面

(4)单击"进水"⬆,使循环池充满纯净的水,然后交替启动循环和超声波消除气泡(至少3次),再开启超声▬、循环🔄,准备测试。

2. 开始测试

(1)点击"测试过程→测试→常规测试"测量系统背景,背景高度在0.75~6之间为最佳,横坐标长度小于20格,形状为逐次递减,20格以后无信号,背景值稳定,如图2-16所示。

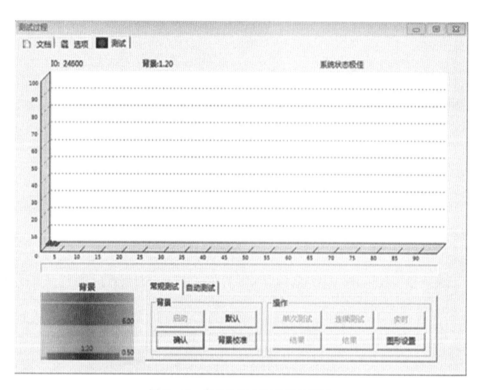

图2-16 激光粒度分布仪测量界面

(2)点击"确认"完成背景测试。

(3)出现"遮光率",提示"请加入样品"后,采用搅拌均匀、少量多次、多点取样的方法向循环池中加入被测样品,并实时观察遮光率的变化,通常样品加到10%~15%之间,如图2-17、图2-18所示。

(4)点击"实时",观察样品变化情况,趋于稳定后,点击"连续测试"并保存平均结果,如图2-19所示。

(5)点击"打印"🖨,将测试结果报告单打印出来。

(6)点击"自动清洗"⚫,仪器将自动清洗循环分散系统。

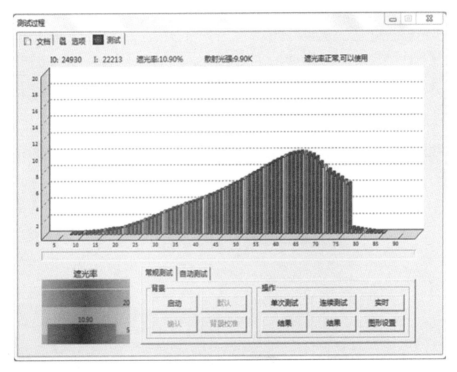

图 2-17 粒度分布测试过程

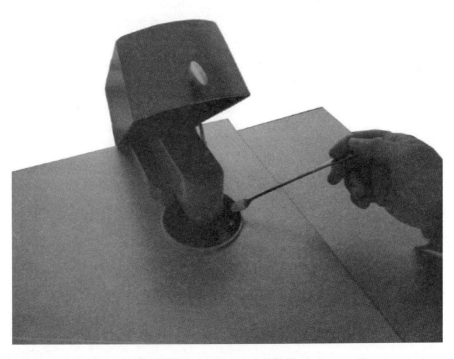

图 2-18 粒度分布仪加样

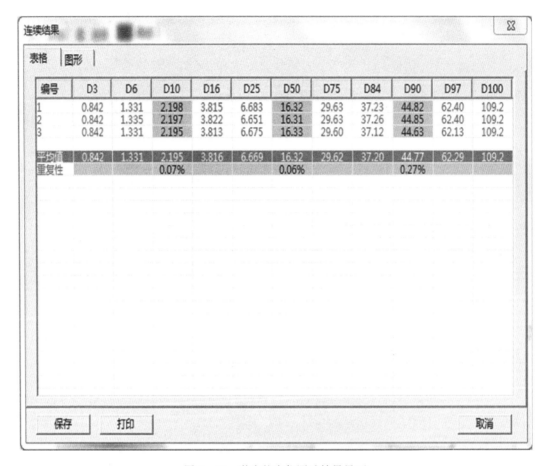

图 2-19 激光粒度仪测试结果界面

(三)自动测试流程

(1)点击"测试过程→测试→自动测试" 。

(2)点击"SOP 设置",如图 2-20 所示,根据已知条件设置好各项参数并保存。

(3)点击"自动测试",根据提示加入适量样品,系统会自动进水、分散、测试并保存结果以及自动清洗。

(四)样品池清洗

(1)先取出测试窗口组件,排干净循环系统中的水,拆下固定样品池两端的螺丝,取出样品池并标记好方向。

(2)将样品池放到含有洗涤剂的水中,捏住样品池的侧面,用蘸有洗涤剂的样品池刷清理样品池内外表面,然后使用纯净水冲洗。

(3)用纸巾将样品池外表面仔细擦拭干净,按拆卸时所做的标记方向将样品池放到循环管路中,放好密封垫,拧紧螺丝。清洗过程如图 2-21 所示。

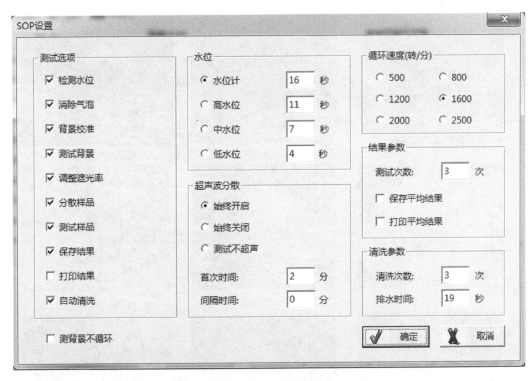

图 2-20 激光粒度仪自动测试设置

五、注意事项

（1）水型仪器测试结束后将循环池中充满纯净水,建议短时间(小于3天)不使用时循环池及管路中要有纯净水;长时间(大于7天)不使用或低温度时(小于0℃),要把循环池里的水排干净。溶剂型仪器需每次测试结束后将溶剂排除干净。

（2）注意及时清洗流动样品池,根据样品数量、黏附程度及软件的状态提示确定清洗周期,建议每周至少清理一次,具体方法见《用户手册》。安装好样品池后需要通水检查,无漏水后再放入仪器中。

（3）使用背景校准时注意:①样品池要干净;②管路中要加满水;③气泡要排干净。

（4）一般水性循环泵系统只能用水做介质,不能使用甲苯、丁酮、乙醚、乙醇等有机溶剂做介质,否则会腐蚀管路和密封系统,如需要使用溶剂时请购买溶剂型循环分散系统。

（5）应经常清洗循环池侧壁的水位计,否则会导致进水失灵。

（6）请注意环境湿度和水温与室温的温度差,防止样品池表面结雾影响测试。

（7）定期检查和更换蠕动泵硅胶管(通常磨损时间在500h)。

（8）为避免长期处于疲劳状态,延长各部分器件使用寿命,连续工作10h以上,建议关机休息1~2h。

（9）为保证重复性、准确性,要求测试参数、遮光率、分散超声时间、取样方法、分散剂用量等条件一致。

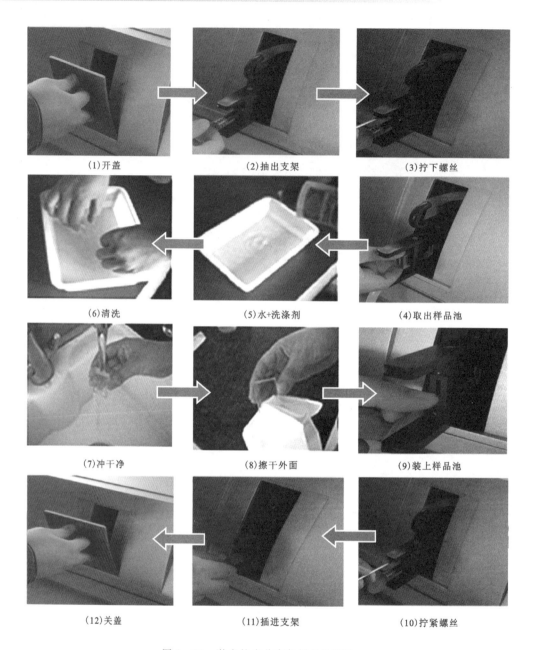

图 2-21　激光粒度分布仪样品池清洗

第三章 储层流体物性参数的测定

本章主要介绍储层流体物性参数的测定方法,包括天然气组成分析,原油烃组分分析,原油黏度、密度、油水界面张力和地层原油高压物性的测定,以及流体流变性分析等。

第一节 天然气组成分析

天然气组成分析是指对天然气中甲烷、乙烷、丙烷、丁烷、戊烷、氮、氧、二氧化碳等成分进行测定的实验。测定天然气组分的方法很多,目前使用最广泛的是气相色谱法。

第二节 原油烃组分分析

原油烃组分分析的实验原理是色谱原理,即利用原油中不同组分的化合物与色谱柱填料的相互作用差异进行分离,主要是基于化合物极性的差异,如饱和烃、芳香烃、胶质极性依次递增,与极性色谱填料(Al_2O_3 和 SiO_2)的作用力依次增强。因此,洗脱不同组分需要用不同极性的有机溶剂去破坏化合物和填料之间的相互作用,以此实现分离。

第三节 地面脱气原油黏度的测定

一、流体黏度的基本概念

液体黏度分为动力黏度和运动黏度,油藏工程计算中常用动力黏度。

动力黏度是指做相对运动的两液层间单位面积上的剪切应力 τ 与速度梯度的比值,即

$$\mu = \frac{\tau}{\mathrm{d}v/\mathrm{d}y} \tag{3-1}$$

式中:μ 为液体的动力黏度,Pa·s;τ 为剪切应力,N/m²;$\frac{\mathrm{d}v}{\mathrm{d}y}$ 为相距 $\mathrm{d}y$ 的两液层间的速度梯度,1/s。

当式(3-1)中各参数的单位采用 CGS(厘米-克-秒)制单位时,黏度的单位为泊,符号为 P。

常用黏度单位为 mPa·s,各黏度单位间的转换如下:

1mPa·s=0.001Pa·s   1P=100cP(厘泊)   1cP=1mPa·s

运动黏度是指在相同的温度下流体的动力黏度与其密度的比值,单位为 m²/s,在 CGS 制单位下为 cm²/s。

油藏流体的动力黏度是油藏工程计算的重要参数,因此正确地确定原油黏度是非常重要的。在实验室常用的测定脱气原油或水的黏度方法有毛细管黏度计法和旋转黏度计法等。

二、毛细管黏度计法

毛细管黏度计用于测试脱气液体在某一温度、低流速下的黏度。由于地层条件下石油的流动速度很低,因此,毛细管黏度计测得的黏度可直接用于地下渗流计算(含气原油黏度需由脱气原油黏度计算得到,或由其他测试方法得到)。

(一)实验仪器

毛细管黏度计的结构如图 3-1 所示。一组毛细管黏度计共 11 支,各自的毛细管内径分别为 0.4mm、0.6mm、0.8mm、1.0mm、1.2mm、1.5mm、2.0mm、2.5mm、3.0mm、3.5mm 和 4.0mm(目前内径分布更广),每支黏度计都有标定好的黏度计常数。

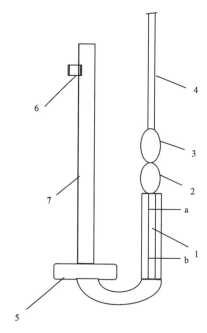

1. 毛细管;2、3、5. 扩张部分;4、7. 管身;6. 支管。

图 3-1 毛细管黏度计

测定动力黏度时应根据石油产品的名称和测量时的温度选用适当的黏度计。测试时流体在毛细管黏度计中的流动时间在(300±180)s 范围内。不同石油产品在不同温度时应选用的毛细管黏度计见表 3-1。

表 3-1 不同石油产品在不同温度时应选用的毛细管黏度计

石油产品名称	毛细管内径/mm						
	100℃	50℃	20℃	0℃	−20℃	−40℃	−50℃
喷气燃料			0.4~0.6	0.6~0.8	0.8~1.0	1.0~1.2	1.0~1.2
轻柴油			0.8~1.0				
白色油		0.6~0.8	1.0~1.2	1.2~1.5	2.5~3.0		
机械油,10 号		0.8~1.0	1.2~1.5	1.5~2.0			
机械油,20 号		1.0~1.2	1.5~2.0	2.0~2.5			
机械油,40 号或 50 号		1.2~1.5					
汽油机油,6 号	0.6~0.8	1.2~1.5		2.5~3.0			
汽油机油,10 号	0.8~1.0	1.2~1.5		3.0~3.5			
汽油机油,15 号	1.0~1.2	1.5~2.0	2.5~3.0	3.5~4.0			
航空润滑油,20 号	1.0~1.2	1.5~2.0	2.5~3.0	3.5~4.0			
航空润滑油,22 号	1.0~1.2	2.0~2.5	3.0~3.5	3.5~4.0			
航空润滑油,24 号	1.0~1.2	2.0~2.5	3.0~3.5				

测定动力黏度除用毛细管黏度计外,还需用带透明壁或装有观察孔的恒温浴,其水面高度不小于 180mm,容积不小于 2L,并附带自动搅拌器和一种能准确调节温度的电热装置(最好同时采用温度调节器)。

除此之外,需用的其他测试仪器有:①温度计,分度为 0.1℃,范围为 0~50℃ 或 50~100℃;②秒表,用于计量液体在黏度计中的下落时间;③比重计,用于测定液体的密度。

(二)实验步骤

(1)在内径符合要求的清洁干燥的毛细管黏度计的支管 6 上套上橡皮管,并用手指堵住管身 7 的管口,同时倒置黏度计将管身 4 插入待测石油产品中,然后利用吸耳球、水流泵或其他真空装置将液体吸到标线 b,注意不要使管身 4、扩张部分 2 和 3 中的液体产生气泡或裂隙。当液面到达标线 b 时,将黏度计提起,使其迅速恢复正常状态。将管身 4 的管端外壁黏附的油擦去,并从支管 6 上取下橡皮管套在管身 4 的上口。

(2)将装有待测液体的黏度计浸入事先准备好的恒温浴中,并用夹子将黏度计固定在支架上。在固定位置时,必须使黏度计的扩张部分 3 的一半浸入恒温浴中。

(3)温度计要用另一只夹子固定于恒温浴液体中,务必使温度计的水银球接近毛细管黏度计中央的液面,最好是使温度计上要测的刻度位于恒温浴的液面以上 10mm 处。

(4)利用铅垂线从两个相互垂直的方向检测毛细管是否垂直,将黏度计调整成垂直状态;将恒温浴调整到规定的温度;将装有石油产品的黏度计浸在恒温液体内恒温规定的时间,如表 3-2 所示。

表3-2　不同温度下使用的恒温液体及预热时间

测定温度/℃	恒温浴中的液体	测定的温度/℃	预热时间/min
50～100	透明矿物油、甘油或25%的硝酸铵水溶液（这种溶液表面要浮一层透明矿物油）	100	≥20
		50	≥15
20～50	水	20～50	≥10

(5)利用管身4所套的橡皮管将待测石油产品吸入扩张部分2,使液面稍高于标线a,并且不要让毛细管和扩张部分2中的液体产生气泡或裂隙。

(6)记录液面由标线a流到标线b所需要的时间。至少重复测定4次,每次的流动时间与其算术平均值的差数不应超过算术平均值的0.5%,然后取不少于3次的流动时间所得的算术平均值作为平均流动时间t。

注意:在测定流动时间时,恒温浴中搅拌着的液体要保持恒定温度,扩张部分中的原油不应出现气泡。

(7)按式(3-1)计算液体的动力黏度,即

$$\mu = \rho C t \tag{3-2}$$

式中:μ为液体的动力黏度,mPa·s;C为黏度计常数;ρ为液体在测试温度下的密度,g/cm³;t为毛细管中液面由标线a流到标线b的时间,s。

例:黏度计常数为0.478,石油产品在54℃时的密度为0.85g/cm³,4次流动时间分别为318.0s、322.4s、322.6s和321.0s。

流动时间的算术平均值为

$$t = (318.0 + 322.4 + 322.6 + 321.0)/4 = 321.0(\text{s})$$

各次流动时间与平均流动时间的允许误差为

$$\Delta t = 321.0 \times 0.5\% = 1.6(\text{s})$$

因为318.08与平均流动时间之差已超过1.6s(0.5%),故这个读数应该舍弃。因此,计算平均流动时间只采用322.4s、322.6s和321.0s。于是,平均流动时间为

$$t = (322.4 + 322.6 + 321.0)/3 = 322.0(\text{s})$$

该石油产品的动力黏度为

$$\mu = \rho C t = 0.85 \times 0.479 \times 322.0 = 130.8(\text{mPa} \cdot \text{s})$$

(三)注意事项

(1)待测石油产品含有水或机械杂质时,测定前必须经过脱水处理或用滤纸过滤除去机械杂质。对于黏度较大的石油产品,可以在磁漏斗上利用水流泵或其他真空装置进行吸滤。

(2)在测定石油产品的动力黏度前,必须将黏度计用溶剂油、航空汽油或乙醚洗涤;如果黏度计内有污垢,则可用重铬酸钾洗液、蒸馏水和无水乙醇仔细洗涤。清洗后的黏度计应放入烘箱中烘干或用通过棉花过滤的热空气吹干。

三、旋转黏度计法

旋转黏度计主要用于测试脱气液体在恒定温度和恒定剪切速度下的黏度,也可用于测试在不同剪切速度下的黏度,即液体的流变性(测试方法详见石油行业标准)。由于剪切的速度较高,因此该方法得到的黏度一般不能直接用于油藏条件下的渗流计算。

(一)实验仪器

图 3-2 为六速旋转黏度计,由旋转黏度计主体、超级恒温水浴等组成。黏度测量范围由所用的转子和转速决定。本仪器所用转子及测量范围如下:82 转子,1~10 000mPa·s;83 转子,4.5~50 000mPa·s。

图 3-2 六速旋转黏度计

(二)实验操作

1. 实验准备

(1)安装好黏度计支架、底座及机身。
(2)把 RDT 温度探针连接到机身背面的温度探针插孔上。
(3)调整黏度计的水平,使水平气泡在黑色圆圈中央。
(4)拆下转子接头保护帽。
(5)按"ON/OFF"键把底座背面的电源开关打开,仪器自动校零(每次电源开关关掉后,重新使用仪器时都要进行这一步)。

2. 实验步骤

(1) 预热 10min。

(2) 将转子连接到黏度计上,按左旋方向上紧(注意保护转子)。

(3) 按"ENTER"键开始实验。当扭矩超过 100% 时,屏幕显示"EEEE",此时应减小转速,或更换小转子;当扭矩低于 10% 时,应增大速度,或更换大转子。

(4) 当示数稳定后记录数据,按"Select Disp"键进行切换,读取黏度、扭矩值等。

(5) 实验结束,按"ON/OFF"键关闭底座背面的开关,清理实验仪器及实验台。

第四节　地面脱气原油密度的测定

液体的密度是指液体的质量与体积的比值。液体相对密度是指液体的密度与 4℃ 水的密度的比值。石油和石油产品的密度是其基本特性之一,与流体的化学组成有关。原油和地层水的其他物性,如黏度等,也与密度有关。因此,熟悉测量液体密度的各种方法是石油工作者必不可缺的基本技能。常用的测量液体密度的方法有比重计法和比重瓶法。

一、比重计法

(一) 实验仪器和实验原理

比重计是一个恒重的玻璃浮子,如图 3-3 所示。它在液体中的浸没程度取决于液体的密度。比重计上标有刻度,可以直接读出液体的比重,从而得到液体的密度。该方法是目前常用的测量液体密度的方法之一。

(二) 实验步骤

(1) 将 1000mL 的量筒倾斜,沿量筒壁注入液体,液面距离量筒口 4~5cm。

(2) 将比重计缓慢放入液体中,使其垂直,且不要碰到量筒底部。

(3) 如果比重计悬浮且液面稳定在刻度部分,则可以根据弯液面的上缘读数,读取液体的相对密度 γ,同时读取液体温度。

(4) 若比重计不适合待测液体,如整体沉入液体或刻度部分浮出液面,则需要换其他比重计。

(5) 将液体加热到不同温度,重复步骤(1)~(4),可以测定不同温度下液体的密度。

注意:比重计由玻璃制成,清洗时不能用力擦或拽,以免断裂破碎。

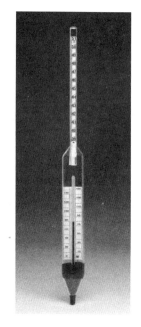

图 3-3　比重计

二、比重瓶法

(一)实验仪器和实验原理

比重瓶体积 V 一定,当注满液体时,用中间带有毛细管的磨口玻璃塞塞住,多余的液体便从毛细管溢出,则瓶内盛有的液体的体积便是固定的,如图 3-4 所示。

如果要测量液体的密度,则需先称出空比重瓶的质量 M_0,再将比重瓶和待测液体恒温到实验温度,然后将待测液体装满比重瓶,称其总质量 M_1,待测液体密度 ρ 的计算公式为

$$\rho = \frac{M_1 - M_0}{V} \quad (3-3)$$

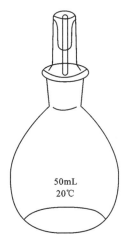

图 3-4 比重瓶

(二)实验步骤

(1)洗净烘干比重瓶(注意瓶内外都要干燥),称出其质量 M_0。
(2)将比重瓶和待测液体恒温至设置温度(注意:此法温度不能太高,否则比重瓶体积将发生变化)。
(3)将比重瓶装满待测液体,盖上玻璃塞,将溢出的液体擦干净,称出待测液体和比重瓶的总质量 M_1。
(4)按式(3-3)计算该液体的密度 ρ。

(三)注意事项

(1)称量需精确到 ±0.001g,避免手握比重瓶体时受体温影响。
(2)如果液体为易挥发液体,挥发会使液体温度降至室温以下,但误差不能大于 0.5℃。
(3)对于易挥发液体,不宜在高温下测量其相对密度,可用下式将低温下的相对密度转换到标准温度 20℃下,即

$$\gamma_{20} = \gamma_t - (20 - t)\alpha \quad (3-4)$$

式中:γ_t 为温度 t 下测得的相对密度;γ_{20} 为 20℃下的相对密度;α 为石油产品随温度变化的体积膨胀系数,可查表 3-3 得到。

表 3-3 石油和石油产品相对密度的温度校正系数

相对密度范围	校正系数 α	相对密度范围	校正系数 α
0.700 0~0.710 0	0.000 897	0.850 0~0.860 0	0.000 699
0.710 0~0.720 0	0.000 884	0.860 0~0.870 0	0.000 686
0.720 0~0.730 0	0.000 870	0.870 0~0.880 0	0.000 673
0.730 0~0.740 0	0.000 857	0.880 0~0.890 0	0.000 660

续表 3-3

相对密度范围	校正系数 α	相对密度范围	校正系数 α
0.740 0~0.750 0	0.000 844	0.890 0~0.900 0	0.000 647
0.750 0~0.760 0	0.000 831	0.900 0~0.910 0	0.000 633
0.760 0~0.770 0	0.000 818	0.910 0~0.920 0	0.000 620
0.770 0~0.780 0	0.000 805	0.920 0~0.930 0	0.000 607
0.780 0~0.790 0	0.000 792	0.930 0~0.940 0	0.000 594
0.790 0~0.800 0	0.000 778	0.940 0~0.950 0	0.000 581
0.800 0~0.810 0	0.000 765	0.950 0~0.960 0	0.000 567
0.810 0~0.820 0	0.000 752	0.960 0~0.970 0	0.000 554
0.820 0~0.830 0	0.000 738	0.970 0~0.980 0	0.000 541
0.830 0~0.840 0	0.000 725	0.980 0~0.990 0	0.000 528
0.840 0~0.850 0	0.000 712	0.990 0~0.100 0	0.000 515

第五节　油水界面张力的测定*

当液体和气体接触时,液体内部的分子受到周围分子的作用力的合力为零,但对于液体表面的分子来说,其受到上层空间气相分子的吸引力小于来自内部液相分子的吸引力,合力不为零。其合力方向垂直指向液体内部,结果导致液体表面具有自动缩小的趋势,这种收缩力称为表面张力。

一、实验目的

(1)了解表(界)面张力测定的原理。
(2)了解表面张力仪的使用方法。

二、实验原理

将铂金环浸入到被测液体中一定位置,通过升降平台使盛有被测液体的玻璃器皿下降,这时铂金环与被测液体之间的膜被拉长,使铂金环受到一个向下的力,通过杠杆臂使扭力丝随之旋转,差动变压器的磁芯随铂金环的下降而上升,使差动变压器的线圈感应出一定的电压值,使被拉伸的薄膜变形量转变为电压量,经过计算机处理转化为相应的张力值,并自动显示出来。随着薄膜被逐渐拉长,张力值逐渐增大,直至薄膜破裂,记下的最大值就是该液体的实测张力值 P,再乘以该液体的校正因子 F,就得到液体的实际张力值 V,即 $V=P\times F$,(校正因子 F 取决于实测张力值 P、液体密度、铂金丝的半径及铂金环的半径)。

校正因子公式为

$$F = 0.7250 + \sqrt{\frac{0.01452P}{C^2(D-d)} + 0.04534 - \frac{1.679}{\frac{R}{r}}} \qquad (3-5)$$

式中：P 为显示的读数值，mN/m；C 为环的周长，6.00cm；R 为环的半径，0.955cm；D 为下相密度（25℃时），g/mL；d 为上相密度（25℃时），g/mL；r 为铂金丝的半径，0.03cm。

三、实验仪器

仪器由全自动表面张力仪（以 JYW-200A 为例）及酒精灯、铂丝环、玻璃皿等设备组成，通过数据线与电脑相连。表面张力仪如图 3-5 所示。

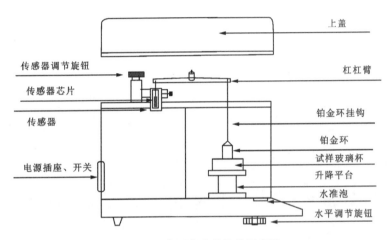

图 3-5 表面张力仪结构示意图

四、实验步骤

(一)表面张力(液—气接触)测定

(1)将仪器置于室温(20±5)℃范围并保持基本恒定，调节基座上调平旋钮，使水准泡大致处于中间位置。

(2)用石油醚清洗铂丝环，接着用丙酮漂洗，然后用酒精灯加热、烘干铂丝圆环。注：处理铂丝圆环的过程要小心，以免铂金环变形。

(3)打开电脑和实验主机（实验仪器接通电源 2min 后方可进行操作），打开操作软件，在"参数设定"界面按提示输入参数，确认后，按"开始试验"进入"试验曲线"界面，分别点击"上升""下降""停止"按钮控制升降平台，确定仪器与主机连接良好，点击"试验"进入调零界面，对仪器进行调零。

(4)将铂金环挂在挂钩上，把试验样品放入玻璃皿中，高度 20~25mm，然后放在升降平台上，点击"上升"按键，使平台升高，直到铂金环进入测试液体的液面下 3~4mm 的深度后，点击"停止"键,然后按"下降"键,使升降平台下降1mm,点击"停止"并稳定30s。

(5)点击"试验",在确定调零后,点击"开始试验",系统自动进行数据采集,绘制试验曲线,实验结束后自动停止实验;对同一种液体试样在短时间内连续做几次试验,则可在上次实验后按"曲线刷新",再按"返回"键,然后重复步骤(4)。

(6)每份样品至少测定3次,保存每次的"试验曲线",记录每次测定的实测张力值和实际张力值,重复性误差不大于1%。

(7)关闭电源,清洗铂丝环和玻璃皿,整理试验台。

(二)界面张力(液—液接触)测定

在调整好零点的情况下,把一定量的25℃下相液体A倒入玻璃皿中,将玻璃皿放在托盘中间位置,升高升降平台,使铂金环深入到液体3~4mm深度。慢慢倒入已调至25℃上相液体A约10mm高度。注意不要使圆环触及两相界面,让两相界面保持30s,其余步骤与表面张力的测定相同,每一组样品至少测三次,记录结果。

五、注意事项

(1)试验过程中避免晃动试验台。
(2)铂丝环轻拿轻放,避免变形。
(3)更换测试样品时都要对铂丝环和玻璃皿进行清洗。

第六节 地层原油高压物性的测定

地层原油高压物性参数是油气田开发设计中必不可少的重要参数,是研究油田驱动类型、确定油田开采方式、计算油田储量、选择油井工作制度的基础。地层原油的PVT测试可以获取地层原油泡点压力、压缩系数、原始溶解气油比、体积系数及其随压力变化。

地层原油高压物性的测定主要指以下几项:①闪蒸脱气或相对体积测试闪蒸脱气;②多级脱气;③微分脱气;④一次脱气;⑤落球法测量地层原油黏度等。本科生只要求掌握闪蒸脱气、一次脱气及黏度测试。地层原油高压物性测试流程图见图3-6,实验装置见图3-7。

PVT筒1为装置的核心,一般带有视窗。用于原油的PVT筒视窗在上部,以观察泡点;用于凝析气的PVT筒视窗在下部,以观察露点。

压力表3、3′测量高压容器内的压力。

油气分离瓶4和量气瓶5是差异分离脱气实验时,进行油气分离并计量产出的气体体积。

高压黏度计8测量高压含气油的黏度。

外部传样设备包括取样器7、转样器恒温水浴6以及高压电动计量泵2。

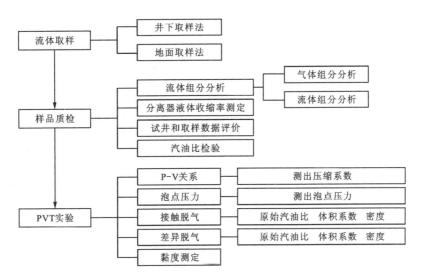

图3-6 地层原油高压物性测试流程图

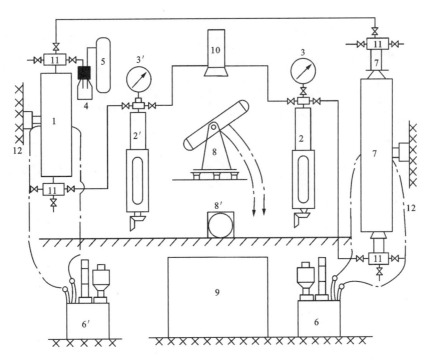

1.PVT筒；2、2′.高压电动计量泵；3、3′.压力表；4.油气分离瓶；5.量气瓶；6、6′.恒温水浴；7.井下取样器及其水套；8.高压黏度计；8′.黏度计附带的电秒表；9.电动控制箱；10.盐水缸；11.挤样闸门；12.仪器装置实验台面。

图3-7 地层原油高压物性实验装置流程图

一、实验原理

(一)闪蒸脱气

闪蒸脱气,又称相对体积测试,是指在恒定温度(油藏温度)下,压力从高于原始地层压力的条件下逐级降低,测定油藏流体的压力与体积的关系。分离出来的气体与油保持接触,即系统的组成保持不变,因此也称为接触脱气。

测试时,首先将 PVT 筒充满一定温度和压力的油藏流体(压力高于预计油藏的泡点压力),计量其中流体的体积,然后加热至油藏温度。在加热过程中,压力保持不变,当温度达到油藏温度后,记录油样的体积。将压力升至高于原始油藏压力,记录油气混合物的体积,然后逐级降低 PVT 筒的压力,同时不断摇动 PVT 筒,待压力稳定后,记录油气混合物的体积,如图 3-8 所示。

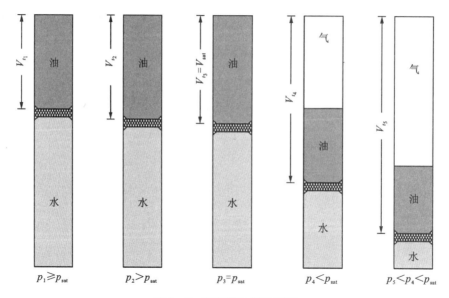

图 3-8 闪蒸脱气实验原理

1. 确定泡点压力

绘制油气混合物压力与体积的关系曲线(p-V 曲线)。随压力 p 的降低,油气混合物的体积直线上升,在泡点压力前后,油气混合物 p-V 曲线的斜率不同,拐点处对应的压力即为泡点压力(p_b),如图 3-9 所示(两直线用泡点压力附近的少数点绘制)。

2. 计算热膨胀系数

热膨胀系数的计算公式为

$$\beta = \frac{1}{V_1} \cdot \frac{V_2 - V_1}{t_2 - t_1} \tag{3-7}$$

式中:V_1、V_2 分别为低温 t_1 和油藏温度 t_2 时原油的体积;β 为热膨胀系数,℃$^{-1}$。

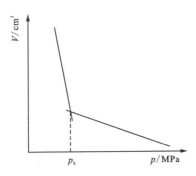 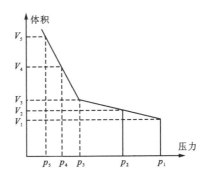

图 3-9 压力与体积关系图

3. 计算地层原油压缩系数

压力高于泡点压力时原油的压缩系数为

$$C = \frac{V_2 - V_1}{V_1(p_1 - p_2)} \tag{3-8}$$

式中：V_1、V_2 分别为压力 p_1 和 p_2（$p_1 > p_2$）时油相的体积；C 为 $p_1 \sim p_2$ 之间原油的压缩系数，MPa^{-1}。

闪蒸脱气的主要目的是确定流体的泡点压力。

4. 计算高于泡点压力时地层原油的体积系数

由闪蒸脱气和多级脱气的测试结果可以确定压力高于泡点压力时地层原油的体积系数。

当压力高于泡点压力时，任意压力下地层原油的体积系数为

$$B_o = \frac{V_f}{V_{os}} = \frac{V_f}{V_{os}} \cdot \frac{V_{ob}}{V_{os}} = \frac{V_f}{V_{ob}} B_{ob} \tag{3-9}$$

式中：V_f 为任一压力下地层原油的体积；V_{os} 为地面脱气油的体积；V_{ob} 为泡点压力下地层原油的体积；B_{ob} 为泡点压力下地层原油的体积系数，由多级脱气测得。

(二)多级脱气

多级脱气主要用于研究分离器的温度、压力条件对地层原油的体积系数、气油比、气体密度和储罐油密度的影响。室内测定时，通常规定两级分离：第一级分离设置 4 个分离器压力，分离器温度参照原油性质和油田实际分离器温度确定；第二级的分离器条件为储罐条件（大气压力，温度由油田实际温度确定，一般为 20℃）。由此可以确定实验范围的最佳分离条件，但最优分离条件需由油气分离计算确定。同一种地层原油进行多级脱气时，分离器的温度和压力不同，测得的地层原油的体积系数及气油比也不同。

多级脱气过程如下：脱气开始前 PVT 筒中的压力为油藏的泡点压力，按图 3-10 所示管线连接；保持 PVT 筒内的压力为泡点压力，进泵推出部分地层原油至第一级分离器中，在第一级分离器中进行油气分离，然后保持压力不变，将其中的气体放出，分别测量油和放出

的气体在标准状态(20℃、大气压力)下的体积;剩下的地层原油再进行第二级脱气,分别计量分出油及气在标准状态下的体积。最后一级分离器的条件与储罐条件相同,所以此时的油称为储罐油(stock tank oil)。

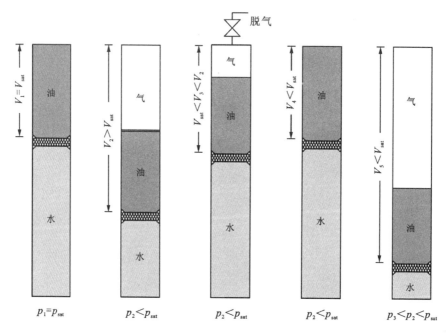

图 3-10 多级脱气流程示意图

注:多级分离器实际只有一个。进行完第一级脱气后,将温度、压力降到第二级分离器的条件,进行第二级分离,再将气体保持压力不变排出,测量分出气及剩余油的体积,多级脱气的主要目的是确定泡点压力下地层原油的体积系数和溶解气油比(或原始溶解气油比)。

泡点压力下的体积系数为

$$B_{ob} = V_{res}/L_2 \tag{3-10}$$

泡点压力下的溶解气油比为

$$R_{sb} = \frac{V_1 + V_2}{L_2} \tag{3-11}$$

式中:V_{res} 为泡点压力下原油的体积,cm^3;L_2 为最后一级分离器的油(储罐油)在20℃时的体积,mL;V_1、V_2 分别为第一级、第二级脱气放出的气体在标准状态(20℃、标准大气压力)下的体积。

(三)微分脱气

油藏压力低于泡点压力后,当气体饱和度大于临界气体饱和度时气体便可形成连续流向生产井。由于分出的气体流动速度高于原油流动速度,在油层中原油的脱气趋于微分脱气。微分脱气是分离级数无限多的多级脱气。

微分脱气实验是从泡点压力开始逐级降压,压力每次降低很小,平衡后保持压力不变,然后将分出的气体排出,剩余的液体继续降压,一直将压力降至标准大气压,一般分 8～10 次降低压力,上述所有的降压过程均在油藏温度下进行。计量每次降压后 PVT 筒中液态油及气体的体积(气体体积为标准条件下的体积,可用累积分出气量表示),最后一级分离器中的原油称为残余油(residual oil),它不同于储罐油,残余油是指在地层温度下,一定体积的原油从地层压力降到标准大气压时所剩余的体积。

微分脱气的目的在于获得地层原油在压力低于泡点压力时的体积系数和溶解气油比,当压力低于泡点压力时,地层原油的体积系数的计算公式为

$$B_o = \frac{V_{or}}{V_{os}} = \frac{V_{or}}{V_{ob}} \cdot \frac{V_{ob}}{V_{os}} = \frac{V_{or}}{V_{ob}} B_{ob} \tag{3-12}$$

地层原油中的溶解气油比为

$$R_s = R_{si} - \frac{V_g}{V_{ob}} \cdot \frac{V_{ob}}{V_{os}} = R_{si} - \frac{V_g}{V_{ob}} B_{ob} \tag{3-13}$$

式中:V_{or} 为微分脱气时,任何一级分离器压力下剩余油的体积;V_g 为微分脱气时,任一压力下累积放出的气体在标准状态下的体积;R_{si} 为地层原油的原始溶解气油比($R_{si}=R_{sL}$)。

(四)一次脱气

一次脱气是指将处于地层条件下的单相原油瞬间闪蒸到标准大气条件下。一次脱气实验的目的是测定一次脱气的气油比、体积系数及地层原油密度等参数。一次脱气获得的地面油少,测得的气油比大、体积系数高、储罐油的密度大。

一次脱气方法是使 PVT 筒内的压力保持在泡点压力(或原始压力)下,将 PVT 筒内一定量的地层原油放入油气分离瓶中(标准大气压、室温),记录放出油的地下体积。从量气瓶中测量分出气体的体积,测量分离瓶中脱气油的质量,便可计算地层油的溶解气油比、泡点压力下的体积系数(或原始压力下的体积系数)等数据。

(五)地层原油黏度的测定

落球黏度计可以测定地层条件下原油的黏度。将 PVT 筒中的单相地层油保持压力不变转移到落球黏度计的中心管中,钢球在落球黏度计中心管中自由下落,下落时间与原油的黏度成反比。因此,测出钢球下落到底部的时间 t 后,可由下式计算原油的黏度,即

$$\mu = k(\rho_1 - \rho_2)t \tag{3-14}$$

式中:μ 为地层油的动力黏度,mPa·s;t 为钢球下落的时间,s;ρ_1、ρ_2 分别为钢球和原油的密度,g/cm^2;k 为黏度计常数,与黏度计倾角、钢球密度有关。

具体实验步骤如下:

(1)通过双泵法保持 PVT 筒压力不变,将地层原油样转到落球黏度计的标准管中(从黏度计中排出油的体积是黏度计体积的 2 倍以上),使单相新鲜的油样充满黏度计,然后打开电源开关,在控制面板上设定温度为地层温度,待温度稳定后进行黏度测试。

(2)转动落球黏度计,使带有阀门的一端(上部)朝下,按下"吸球"开关,将钢球吸到上部的磁铁上。

(3)转动落球黏度计,使其上部朝上,固定在某一角度,按下"落球"开关,钢球开始下落,

同时计时开始。当钢球落到底部时,自动停止计时,记录钢球的下落时间。重复 3 次以上,直到所测的时间基本相同为止,落球黏度计如图 3-11 所示。

图 3-11　落球黏度计

二、数据处理

根据测定的一系列油气混合物压力 p 和相应的地层原油体积 V,绘制 $p\text{-}V$ 关系图,由曲线的拐点确定泡点压力(实际上,随压力降低,刚开始偏离初始直线段的压力点即为泡点压力)。

其他地层原油物性参数及基本公式如下所述。

(1)计算脱气原油体积 V_o。根据脱气原油的质量 m_o 和 20℃下的密度 ρ_{os},由下式计算地面脱气油的体积(20℃),即

$$V_o = \frac{m_o}{\rho_{os}} \tag{3-15}$$

(2)计算标准状态下分出气体的体积 V_{gsc}。将在室温条件下测得的分出的气量 V_{gl},用式(3-16)转换成标准状态(20℃,大气压力)下的体积 V_{gsc}。

室内条件下分出气体的体积

$$V_{gl} = V_g - V_o$$

式中:V_g 为量气瓶读出气量;V_o 为脱气原油体积。

将 V_{gl} 转换成标准状态下的体积,即

$$\frac{p_{sc} V_{gsc}}{293} = \frac{p_1 V_{gl}}{273 + t_1} \tag{3-16}$$

式中:t_1 为室温,℃;p_{sc}、p_1 分别为标准状态及室内条件下对应的大气压力,MPa。

(3)计算地层油的溶解气油比 R_s。

$$R_s = \frac{V_{gsc}}{V_o} \quad (3-17)$$

(4)计算地层原油体积系数 B_o。

$$B_o = \frac{\Delta N}{V_o} \quad (3-18)$$

式中:ΔN 为原油脱气前后泵的读数差。

(5)计算原油的收缩率 E_o。

$$E_o = \frac{B_o - 1}{B_o} \times 100\% \quad (3-19)$$

(6)计算地层原油的密度 ρ_{of}。

$$\rho_{of} = \frac{m_o + V_{gsc}\rho_{gsc}}{\Delta N} \quad (3-20)$$

式中:ρ_{gsc} 为标准状态下天然气的密度,g/cm³;ρ_{of} 为地层原油的密度,g/cm³。

实验原始记录表见表 3-4~表 3-6。

表 3-4 地层原油压力-体积关系测定原始记录表

地层温度:____℃

地层压力/MPa	泵体积读数/mL	累积体积差/mL	PVT 筒中油气混合物体积/mL

表 3-5 地层原油单次脱气实验原始记录表

室温:____℃   大气压:____mmHg   脱气油质量及体积:____g/cm³

脱气序号	计量泵刻度			脱气油质量及体积					
	脱气前 N_1/mL	脱气后 N_2/mL	地下油体积 (N_2-N_1)	分离瓶质量 m_1/g	分离瓶+油质量 m_2/g	脱气油质量 (m_2-m_1)	室温下脱气油的体积/mL	室温下脱出气的体积/mL	标准状态下脱气的体积/mL
1									
2									
3									

表 3-6 落球法测地层原油黏度实验记录表

测定温度= ℃			钢球密度= g/cm³		
原油密度= g/cm³			黏度计倾角常数=		
钢球落下的时间/s					

第七节　流体流变性分析

流体流变学研究的对象是流体,包括牛顿流体和非牛顿流体,而牛顿流体的流动与变形问题已经由牛顿流体力学所解决,所以现代流体流变学的主要研究对象是非牛顿流体。流变仪是用于测定聚合物熔体、聚合物溶液、悬浮液、乳液、涂料、油墨和食品等流体流变性质的仪器,分为旋转流变仪、毛细管流变仪、转矩流变仪和界面流变仪。

旋转流变仪是现代流变仪中的重要组成部分,它们依靠旋转运动来产生简单剪切流动,可以快速确定材料的黏性、弹性等各方面的流变性能。

一、实验目的

(1)了解旋转流变仪的测试内容和测试方法。
(2)了解旋转流变仪的使用方法。

二、实验原理

旋转流变仪有两种,分为CMT(马达与传感器一体式结构)应力控制型流变仪和SMT(马达与传感器分离式结构)应变控制型流变仪,其实验工作原理如下所述:

CMT(马达与传感器一体式结构)应力控制型流变仪,如图3-12(a)所示,使用最多的Physica MCR系列、TA的AR系列、Haake、Malven,都是这一类型的流变仪。其中,Physica的马达属于同步直流马达,这种马达相对响应速度快,控制应变能力强;其他厂家使用的属于托杯马达,托杯马达属于异步交流马达,这种马达响应速度相对较慢。

这一类型的流变仪,采用马达带动夹具给样品施加应力,同时用光学解码器测量产生的应变或转速。

SMT(马达与传感器分离式结构)应变控制型流变仪,如图3-12(b)所示,目前只有ARES属于单纯的应变控制型流变仪,这种流变仪将直流马达安装在底部,通过夹具给样品施加应变,样品上部通过夹具连接到扭矩传感器上,测量产生的应力。这种流变仪只能做单纯的控制应变实验,原因是扭矩传感器在测量扭矩时产生形变,需要一个再平衡的时间,因此反应时间比较慢,这样就无法通过回馈循环来控制应力。

三、实验仪器

本实验以安东帕MCR流变仪为例,说明流变性测量实验方法。MCR流变仪由测量主体、空气压缩机和低温恒温槽等设备组成,通过数据线与电脑相连。安东帕MCR流变仪如图3-13所示。

四、实验步骤

(1)检查仪器情况,检查管路连接情况、电路连接情况;检查低温恒温槽水循环液面是否正常。

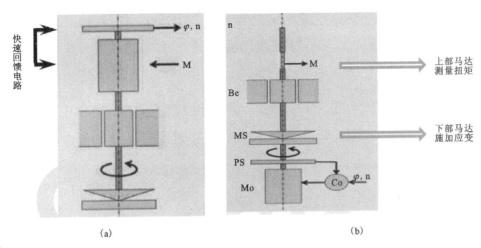

图 3-12 旋转流变仪测量原理示意图
(a)应力控制型流变仪;(b)应变控制型流变仪。

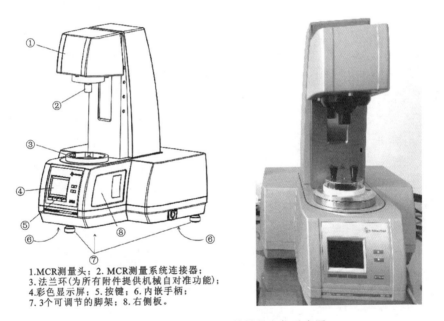

1.MCR测量头;2.MCR测量系统连接器;
3.法兰环(为所有附件提供机械自对准功能);
4.彩色显示屏;5.按键;6.内嵌手柄;
7.3个可调节的脚架;8.右侧板。

图 3-13 安东帕 MCR 旋转流变仪示意图

(2)打开仪器电源,分别打开空气压缩机、低温恒温槽、流变仪、电脑的电源。

空气压缩机打开顺序:空气压缩机打开开关(此时空气阀处于关闭状态)后待空气压力升到标准值(输出 5bar)时打开空气阀,打开低温恒温槽的电源开关。

低温恒温槽:打开电源后需要打开恒温槽的循环系统,按下恒温按钮后设置温度,打开流变仪电源。

旋转流变仪:前两步完成后打开流变仪主机主电源(在仪器左侧),待主机小窗口显示状态(Status)"O. K."(如图 3-14 所示,过程大致 1min)后启动电脑和操作系统,启动流变仪软件。

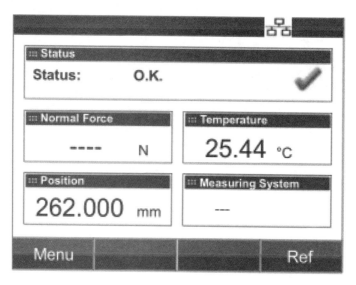

图 3-14　主机小窗口视图

（3）取下流变仪轴承保护套，在软件界面控制面板区块点击"初始化"，对仪器完成初始化设置（时间大约 30s，期间禁止其他操作），在完成初始化设置后按待测样品需求选取转子（平板和锥板），将转子安装在流变仪轴承上，在软件界面控制面板区块设置所需的温度（温度范围室温至 120℃）。

完成上述步骤后软件界面控制面板区块点击"零间隙"，完成零间隙设置（时间大约 20s，期间禁止其他操作），此时就完成了基本的数据设置。

按照软件操作手册所述，选择需要的测量程序，设置测量参数，在设置完参数之后，点击软件界面控制面板区块向上箭头按钮，向上移动仪器测量头，待升到指定高度之后，将样品放置于测量平台上，点击软件界面控制面板区块"测量距离"按钮，到达"Trimming Position"（刮边位置），刮除多余样品，然后降至测量位置。

控制面板是在流变仪测量开始之前和之后进行操作的主要界面，如初始化、零间隙校正、测量头升降、初始温度设置、法向力重置等（图 3-15、图 3-16）。

注意：初始化后，如果是第一次启动仪器，应该执行马达调整（软件面板→测试设备→开始服务→调整马达），并且在必要时，确定要使用的测量夹具的转动惯量。如果不是第一次启动，可以继续执行测量。

（4）待测量平台热平衡后点击开始测量（测量过程中禁止对仪器进行其他操作），待测量结束后，松开测量夹具的连接头，在软件界面控制面板区块点击向上箭头按钮，向上移动仪器测量头，待测量头移动到指定位置后取下样品，并清洁测量夹具，重新安装测量夹具以便进行下一次测量。

注意：可以先对样品做一个初步的检测，以确定样品属于哪种类型的流体。对于剪切速率扫描（CSR，线性或对数规律增加），剪切速率可以设为 $\dot{\gamma}=1$ 到 $500s^{-1}$。确定样品是什么类型的流体后，可按下述步骤进行测量：新建项目，选择合适的测量模板，然后设置测量流程和测量参数，调整测量高度后开始测量。

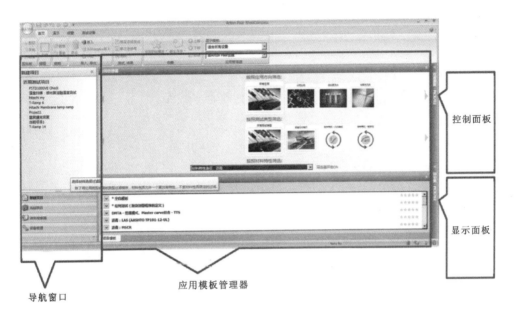

图3-15 软件视窗

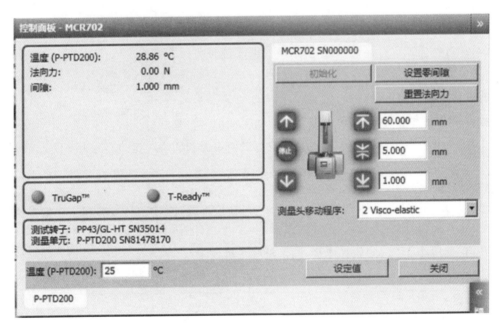

图3-16 控制面板视图

(5)数据整理,等待测量程序的完成,检查测量结果,进行测量结果保存。

(6)实验结束后需要清理样品台,首先卸下转子(逆时针旋转),复原轴承保护套,关闭主机电源,关闭低温恒温槽的电源,再关闭空气压缩机的电源(注意是否需要排水)。

(7)文件处理(打印、保存)结束后,关闭计算机。

五、实验注意事项

1. 实验环境

电源条件、安全条件、场地条件、温湿度条件应符合实验要求。

2. 使用低温恒温槽注意事项

(1)实验时应提前开启水循环,并在实验过程中保持开启。

(2)恒温温度设置范围,−30℃至200℃(不建议取0℃下);当恒温水浴取20℃时,流变仪可取温度范围为−35℃至150℃。

3. 使用空气压缩机注意事项

(1)打开空气压缩机时应保持空气阀的关闭,待空气压力升到标准值(输出5bar)才能打开空气阀进行下一步操作。

(2)在实验结束后应按说明释放气缸冷凝水。

4. 使用流变仪注意事项

(1)电机最大转速3000rpm。

(2)扭矩范围200mN/m至10N/m。

(3)最大振动频率100Hz。

(4)注意按照不同样品硬度选用不同的转子、测试方法。

(5)一些参数的范围应按照说明书设置。

5. 维护仪器注意事项

建议定期执行维护工作,以确保仪器能够长期进行正常运行。

(1)用干布或微湿的布来擦拭MCR,也可以使用温和的洗涤剂进行擦拭,不要使仪器表面出现划痕。

(2)使用时,在每次测量之前和测量期间,应检查液体循环器是否能正常工作,以及液体能否循环流动。如果流量指示器无法正常工作,请检查软管是否变脏或阻塞,并检查循环器是否有故障。

(3)定期检查MCR的软管连接,确保没有弯折或阻塞。

(4)定期检查气源是否清洁、干燥、无油污,并且压缩气源装置符合所有必要的要求。有关详细信息,请参见过滤器系统说明。

(5)使MCR连接器保持清洁,不要使连接器沾上油污。

(6)请务必轻拿轻放测量系统。即使是微小的损坏都可能造成严重的测量错误。当从样品中卸下测量系统或从测量系统中擦掉样品时,请不要用力过度。

第四章　储层岩石—流体交互作用物性参数的测定

储层岩石为多孔介质，流体多充填于岩石孔隙。油田开采过程中流体在岩石中的运移过程涉及多个物性参数，润湿性、饱和度、相对渗透率、毛管压力曲线及储层敏感性的测定原理和方法。

第一节　储层岩石润湿性的测定

储层岩石润湿性的测量方法主要有自吸法、离心法和接触法。

一、自吸法

(一)原理

在毛管压力作用下，润湿流体具有自发吸入岩石孔隙中并排驱其中非润湿流体的特性。通过测量并比较油藏岩石在残余油状态(或束缚水状态)下，毛细管自吸油(或自吸水)的数量和水驱替排油量(或油驱替排水量)，可以判别油藏岩石对油(水)的润湿性。

(二)主要仪器设备

岩样油(水)驱替系统；岩样抽空饱和装置；恒温箱：最高工作温度不小于100℃，精度±1℃；离心机：离心产生的油水驱替压力不小于1MPa；天平：分度值0.01g；吸油(水)仪：分度值0.05mL；油水分离计量管：分度值0.05mL。

(三)实验准备

1. 岩样要求

用于润湿性测定的新鲜岩芯，必须不受钻井液污染。用于润湿性测定的非新鲜岩芯，先采用老化的方法，恢复初始润湿状态后再进行测定。

2. 岩样制备

1)新鲜岩样的制备

(1)胶结成型的新鲜岩样从储样容器或保护包装中取出后，浸没在标准盐水中，用盐水或中性煤油做循环冷却液准备钻取；弱胶结(或未胶结)新鲜岩样用干冰进行预冷冻，用液态氮做循环冷却液准备钻取。

(2)在岩样中心部位用钻床低速(小于400r/min)、水平钻取直径为2.5cm或3.8cm、长度不小于直径1.5倍的圆柱形实验岩样,并用锡套或热缩套加以保护。

(3)制备的岩样应及时浸泡在实验用油中,在实验温度下至少恒温6h。

(4)将实验岩样移至抽空饱和流程,真空度达当日测量地点大气压后,再抽空1h。

2)非新鲜岩样的制备

(1)选中有代表的岩芯,岩样钻取位置及尺寸要求同新鲜岩样。

(2)岩样用酒精苯混合溶剂(酒精:苯=1:3)抽提干净,按照要求烘干至恒重。

(3)岩样抽真空饱和。

3. 实验用油和实验用水

实验用油为中性煤油,或为岩样同层原油与中性煤油配制的模拟油。

实验用水为岩样同层地层水,或按地层水分析资料配制的模拟地层水,或等矿化度的标准盐水(标准盐水配比为$NaCl:CaCl_2:MgCl_2 \cdot 6H_2O = 70:60:4$)。

4. 实验温度

实验温度接近或等于地层温度,如果地层温度高于70℃,实验温度可选择70℃。

离心驱替过程在常温下进行。

5. 实验步骤

1)油驱

(1)自吸流动驱替法按如下要求进行。①将准备好的新鲜岩样装入夹持器中,并连接驱替设备,恒温时间不少于4h,驱替岩样至束缚水状态;②非新鲜岩样用老化用油驱替至束缚水状态,在地层温度下老化,时间不少于10d;③对老化后的岩样,用实验用油替换岩样中的老化用油。

(2)自吸离心驱替法按如下要求进行。①在离心驱替盒内灌满实验用油,将装有实验岩样的多孔样盒置入其中,加盖密封,保证离心驱替盒内无气体;②各离心驱替盒在天平上称重,并将离心机转盘对角的离心驱替盒两两配重,保持平衡后,装入离心机转盘;③选定离心机转速和时间,进行驱替。

(3)自吸水排油。①实验用水在实验温度下至少恒温4h;②从完成油驱的夹持器(或离心驱替盒)中取出岩样,除去表面浮油,迅速移入装有实验用水的吸水仪底瓶;③安装吸水仪,吸水仪中充满实验用水至某一刻度;④进行自吸水排油,当吸水排油量连续24h稳定不变时,自吸水排油结束,记录岩样自吸水排油量V_{o1}。

2)水驱

(1)从吸水仪中取出岩样,移入夹持器(或离心驱替盒)中,夹持器出口接油水分离计量管。

(2)用水驱替岩样至残余油状态,记录岩样水驱排油量V_{o2}。

3)自吸油排水

(1)实验用油在实验温度下至少恒温4h。

(2)吸油仪中加入实验用油,记录初始油水界面刻度。

(3)从完成水驱的夹持器(或离心驱替盒)中取出岩样,除去表面浮水,迅速移入吸取仪中,保证岩样完全浸没于实验用油中。

(4)进行自吸油排水,当吸油排水量连续 24h 稳定不变时,自吸油排水结束。记录岩样自吸油排水量 V_{w1}。

4)二次油驱

(1)从吸水仪中取出岩样,移入夹持器(或离心驱替盒)中,夹持器出口接油水分离计量管。

(2)用油驱替岩样至束缚水状态,并记录岩样油驱排水量 V_{w2}。

5)数据计算、修约和岩样润湿性判别(表 4-1)

润湿性指数计算公式为

$$W_w = \frac{V_{o1}}{V_{o1} + V_{o2}} \quad (4-1)$$

$$W_o = \frac{V_{w1}}{V_{w1} + V_{w2}} \quad (4-2)$$

$$I = W_w - W_o \quad (4-3)$$

式中:W_w 为水润湿指数;W_o 为油润湿指数;V_{o1} 为岩样自吸水排油量,mL;V_{w1} 为岩样自吸油排水量,mL;V_{o2} 为岩样水驱排油量,mL;V_{w2} 为岩样油驱排水量,mL;I 为相对润湿性指数。

表 4-1 自吸法润湿性判别表

岩样润湿性	强亲油	亲油	中间润湿			亲水	强亲水
			弱亲油	中性	弱亲水		
I	$-1.0 \leq I < -0.7$	$0.7 \leq I < -0.3$	$0.3 \leq I < -0.1$	$-0.1 \leq I < 0.1$	$0.7 \leq I < 1.0$	$0.3 \leq I < 0.7$	$0.7 \leq I < 1$

二、离心法

(一)原理

当油藏岩石内部的润湿相和周围的非润湿相在离心力作用下发生驱替置换时,润湿相驱替置换非润湿相所做的功要比相反情况小。而驱替所做的功与相应过程离心毛管压力曲线同饱和度坐标轴所围的面积相对应,比较同一块油藏岩石油驱水和水驱油两个过程所得到的离心毛管压力曲线所围面积的大小,就可以判别该油藏岩石的润湿性。

(二)离心毛管压力曲线的测定

离心毛管压力曲线的测定按《岩石毛管压力曲线的测定》(SY/T 5346-2005)的规定执行。

(三)润湿指数计算及润湿性判别

1. 润湿指数计算

(1)用离心毛管压力测量数据在直角坐标上绘制二次油驱水和水驱油两个过程的毛管压力曲线。

(2)计算二次油驱水和水驱油两个过程毛管压力曲线同饱和度坐标轴所围的面积A_1、A_2,并按下式计算润湿指数,即

$$W = \lg \frac{A_1}{A_2} \tag{4-4}$$

式中:A_1为二次油驱水毛细管压力曲线所围面积;A_2为水驱油毛管压力曲线所围成面积;W为润湿指数。

2. 润湿性判别法

离心法润湿性判别见表4-2。

表4-2 离心法润湿性判别表

润湿性指数 W	$W<0$	$W=0$	$W>0$
润湿性	亲油	中间润湿	亲水

三、接触法

(一)原理

水-油-固体系统中的三相交接处,其表面能的平衡关系符合下式。

$$\cos \theta_c = \frac{\sigma_{oS} - \sigma_{wS}}{\sigma_{oW}} \tag{4-5}$$

式中:σ_{oS}为油和固体间的界面张力,mN/m;σ_{wS}为水和固体间的界面张力,mN/m;σ_{oW}为油和水之间的界面张力,mN/m;θ_c为接触角,(°)。

接触角大小与油水对固体的润湿程度有关,因此测量油-水油藏岩石系统的接触角,可以了解油、水对油藏岩石的润湿性。

考虑到油藏岩石的复杂性和矿物组成的基本属性及接触角测量的要求,选用典型的石英矿片模拟砂岩油藏岩石,选用典型的方解石矿片模拟碳酸盐岩油藏岩石。

(二)实验仪器

(1)液-液-固型接触角计。

(2)实验在一个特制的聚四氟乙烯矩形小室内进行。它的一个对边由两块平行透明玻璃组成,小室内装有可移动的支架以支撑磨光的矿片,并具备保温和抽真空的条件。

(三)实验准备

(1)使用磨光石英矿片模拟砂岩油藏岩石。
(2)使用磨光方解石矿片模拟碳酸盐岩油藏岩石。
(3)实验所采用的矿片,要求垂直晶轴切片,磨平抛光后用显微光度计观察。放大1000倍时应无条迹。

(四)实验用水和实验用油

(1)实验用水使用标准盐水或岩样对应层位的地层水。
(2)实验用油使用岩样对应层位未被污染的原油。

(五)接触角小室、石英矿片处理

(1)四氯化碳溶剂清洗。
(2)苯：酒精：丙酮＝0.7：0.15：0.15的溶剂清洗。
(3)蒸馏水冲洗。
(4)稀盐酸溶液清洗后再用清水冲洗干净。
(5)热铬酸浸泡3~4h,去掉热铬酸后再用非导电性水冲洗,清洗干净后,用纯度为99.99%的氮气通过,使测量系统脱氧。

(六)实验步骤

(1)彻底清洗小室和矿片后,把实验矿片安装在两根支架上,上紧小室封盖,抽空试漏,充填氮气。
(2)用抽空过的实验用水充满小室(抽空饱和法),使磨光矿片完全浸没在缺氧水中,让矿片在实验温度(地层温度)下浸泡36h以上。
(3)在缺氧条件下,用专用微量注射器在矿片下注入一恒温的油滴,通过小室的透明玻璃能清楚地观察到油滴的外形。若实验中使用的是透明油,则小室首先用油充满,然后在磨光矿片上注一个水滴进行测定。
(4)待原油和水在恒温条件下平衡一段时间,接触角慢慢地发生变化。通过仪器的光学镜头,对液滴采用标尺读角或照相测量直至接触角保持不变;用水相测角仪测量固体表面与油-水接触面形成的接触角。

(七)技术要求

(1)接触角系统对污染非常灵敏,因此系统应防止氧化及金属离子的影响。
(2)测量的体系必须处于平衡状态,即温度恒定且所测量的接触角在平衡过程中严防任何微小振动。
(3)实验开始前,首先测定中性油、硬脂酸、异奎啉标准液的标准角,确定仪器操作的定性精度。

(八)润湿性判别

接触角法润湿性判别见表 4-3。

表 4-3 接触角法润湿性判别表

接触角 θ_c	$0°\leqslant\theta_c<75°$	$75°\leqslant\theta_c\leqslant105°$	$105°\leqslant\theta_c\leqslant180°$
润湿性	亲水	中间润湿	亲油

第二节 岩石中流体饱和度的测定*

岩芯内流体的含量及各种流体的饱和度数值是岩芯分析中的一个重要组成部分。因此,分析前应对岩样进行合理的处理与保存,以免由于蒸发或外来液体的侵入而引起液体含量的改变。针对不同的岩性、岩样大小及取芯方法,可选用不同的测定方法,但不管哪种方法,测定原则都是设法求得岩芯中的流体含量。岩芯的含油饱和度又分为原始含油饱和度和残余油饱和度。非密闭取芯时,由于岩芯中的部分油气已逸出,测得的含油饱和度并非原始含油饱和度,而是残余油饱和度;水的饱和度则为残余水饱和度。实验室测定流体饱和度比较常用的方法有溶剂抽提法和常压干馏法。

一、实验目的

(1)了解岩芯饱和度测定仪的使用。
(2)掌握岩芯饱和度的测定方法。

二、实验原理

流体饱和度是指某种流体在岩石孔隙中所占据的空间体积百分数。干馏法是通过仪器对岩芯进行高温烘烤,冷凝收集,经过相关校正后得到油、水体积,代入有关公式求出油、气、水饱和度值。

三、实验仪器

干馏仪如图 4-1 所示。

干馏仪按结构形式分单件式和多件式两种。本实验采用单件式干馏仪,是将含油岩样装入一个不锈钢制的岩芯筒内,密封后再装入管式电炉内,通过温控仪均匀加热,控制升温幅度,在高温条件下(本实验控制在 400~500℃)油水被干馏、蒸发出来,从排液口经冷凝管流入下端的集液管中,通过计量得到从岩石中干馏出的液量。

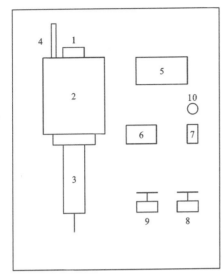

1.岩芯筒;2.加热套;3.冷凝管;4.热电偶;5.温控仪;6.电压表;7.电源开关;8.进水阀;
9.放空阀;10.指示灯

图 4-1　干馏仪面板图和实验图

四、实验步骤

(1)精确称量 30~40g 样品,将其小心放入干净的岩芯筒内,拧紧顶盖。

(2)将已放入岩样的样筒,垂直放入加热炉中,开启水阀使冷却水循环,实验过程中依据冷凝管温度适当控制出水量。

(3)把干净的集液管接在冷凝管下端,一切就绪,接通电源,调节炉温。

(4)随干馏的进程,水和油会不断冷凝下来。到达指定温度后,等待 15min,关闭电源,等待冷却。

(5)根据相关公式计算出油、气、水饱和度。

(6)实验结束,清理实验用具,在仪器登记本上详细填写使用记录(表 4-4),征得老师同意后方可离开。

表 4-4　干馏实验记录表

干馏前岩石重量/g	水的体积/mL	油的体积/mL

五、计算公式

$$S_o = \frac{V_o B_o}{\phi_e V_b} \times 100\% \tag{4-6}$$

$$S_w = \frac{V_w B_w}{\phi_e V_b} \times 100\% \quad (4-7)$$

$$S_g = (1 - S_o - S_w) \times 100\% \quad (4-8)$$

式中：V_o 为岩样含油体积，mL；V_w 为岩样含水体积，mL；V_b 为岩样体积，mL；B_o 为地层条件下油的体积系数；B_w 为地层条件下水的体积系数；S_o 为含油饱和度，%；S_w 为含水饱和度，%；S_g 为含气饱和度，%；ϕ_e 为岩样有效孔隙度，%。

第三节 相对渗透率曲线的测定

实际油层中，都存在着两种或者两种以上的流体，例如，油-气、油-水，或油-气-水等，特别是在注水油田中，油层中经常是油水共流和油水并存。当单相流体通过横截面积为 A、长度为 L、压力差为 ΔP 的一段孔隙介质并呈层状流动时，流体黏度为 μ，则单位时间内通过这段岩石孔隙的流体量 $Q = K\Delta pA/\mu L$，则 K 称为绝对渗透率。当多流体共存时，岩石允许每一相对流体通过的能力称为有效渗透率。油和水的有效渗透率总是低于岩石的绝对渗透率。多相流体共存时，每一相的有效渗透率与绝对渗透率的比值，称为相对渗透率。相对渗透率曲线可以用来确定水油层的最终采收率。

一、实验目的

(1) 了解相对渗透率测定的原理。
(2) 了解相对渗透率测定仪器的使用方法。
(3) 了解计算相对渗透率的方法。

二、实验原理

1. 稳态法油-水相对渗透率测定

稳态法测定油-水相对渗透率的基本理论依据是一维达西渗流理论，并且忽略毛管压力和重力作用，假设两相流体不互溶且不可压缩。实验时在总流量不变的条件下，将油水按一定流量比例同时恒速注入岩样，当进口、出口压力及油、水流量稳定时，岩样含水饱和度不再变化，此时油、水在岩样孔隙内的分布是均匀的，达到稳定状态，油和水的有效渗透率值是常数。因此可利用测定岩样进口、出口压力及油、水流量，由达西定律直接计算出岩样的油、水有效渗透率及相对渗透率值。用称重法或物质平衡法计算出岩样相应的平均含水饱和度，改变油水注入流量比例，就可得到一系列不同含水饱和度时的油、水相对渗透率值，并由此绘制出岩样的油-水相对渗透率曲线。稳态法气-液相对渗透率测定实验原理与上述原理一致。

2. 非稳态法油-水相对渗透率测定

非稳态法油-水相对渗透率是以 Buckley-Leverett 一维两相水驱油前缘推进理论为基础，忽略毛管压力和重力作用，假设两相不互溶流体不可压缩，岩样任一横截面内油水饱和度是均匀的。实验时不是同时向岩芯中注入两种流体,而是将岩芯先用一种流体饱和,然后用另一种流体进行驱替。在水驱油的过程中,油水饱和度在多孔介质中的分布是距离和时间的函数,这个过程称非稳定过程。按照模拟条件的要求,在油藏岩样上进行恒压差或恒速度水驱油实验,在岩样出口端记录每种流体的产量和岩样两端的压力差随时间的变化,用"JBN"方法计算得到油-水相对渗透率,并绘制油-水相对渗透率与含水饱和度的关系曲线。非稳态法气-液相对渗透率测定实验原理与上述一致。

三、实验仪器

(一)油-水相对渗透率测定仪器

油-水相对渗透率测定仪器由岩芯夹持器、驱替泵、压力传感器、油水分离器、天平、秒表和游标卡尺等设备组成。仪器结构如图4-2、图4-3所示。

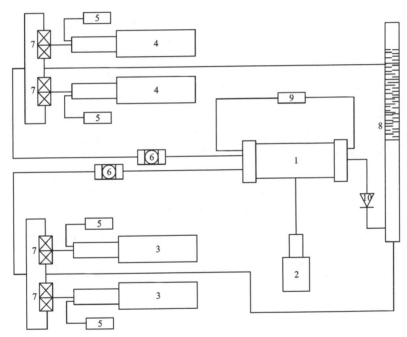

1.岩芯夹持器;2.围压泵;3.水泵;4.油泵;5.压力传感器;6.过滤器;7.三通阀;8.油水分离器;9.压差传感器;10.回压阀。

图4-2 稳态法测定油-水相对渗透率仪器结构示意图

(二)气-水相对渗透率测定仪器

气-水相对渗透率测定仪器由岩芯夹持器、驱替泵、精密压力表或传感器、流量计、计量管、气水分离器、天平、秒表和气压计等设备组成。仪器结构如图4-4、图4-5所示。

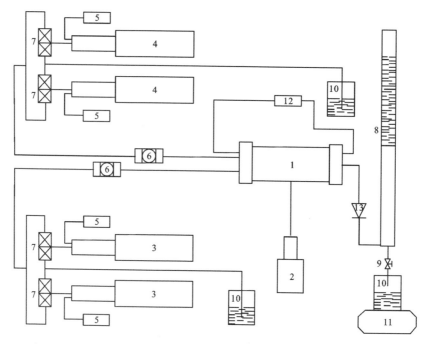

1.岩芯夹持器;2.围压泵;3.水泵;4.油泵;5.压力传感器;6.过滤器;7.三通阀;8.油水分离器;9.两通阀;10.烧杯;11.天平;12.压差传感器;13.回压阀。

图 4-3 非稳态法测定油-水相对渗透率仪器结构示意图

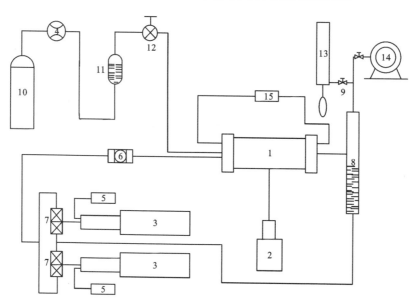

1.岩芯夹持器;2.围压泵;3.水泵;4.气体质量流量计;5.压力传感器;6.过滤器;7.三通阀;8.气水分离器;9.两通阀;10.气源;11.气体加湿中间容器;12.调压阀;13.皂膜流量计;14.湿式流量计;15.压差传感器。

图 4-4 稳态法测定气-水相对渗透率仪器结构示意图

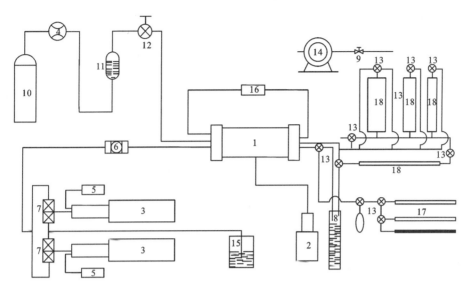

1.岩芯夹持器;2.围压泵;3.驱替泵;4.气体质量流量计;5.压力传感器;6.过滤器;7.三通阀;8.气水分离器;9.两通阀;10.气源;11.气体加湿中间容器;12.调压阀;13.控制阀;14.湿式流量计;15.烧杯;16.压差传感器;17.油体积计量管;18.水体积计量管。

图 4-5 非稳态法测定气-水相对渗透率仪器结构示意图

四、实验步骤

(一)稳态法油-水相对渗透率测定

1. 建立束缚水饱和度

用油驱水法建立束缚水饱和度,先用低流速(一般为 0.1mL/min)进行油驱水,逐渐增加驱替速度直至不出水为止。束缚水饱和度计算公式为

$$S_{ws} = \frac{V_p - V_w}{V_p} \times 100\% \tag{4-9}$$

式中:S_{ws} 为束缚水饱和度,%;V_w 为岩石内被驱出水的体积,cm³;V_p 为岩石孔隙体积,cm³。

2. 测定束缚水状态下的油相渗透率

新鲜岩样测定束缚水状态下的油相渗透率步骤如下:

(1)将浸泡在原油中或煤油中的岩样在实验温度下恒温 2h 并抽空 1h 后,装入岩芯夹持器中,并在实验温度下恒温 4h。

(2)用实验油驱替达 10 倍孔隙体积后,测油相有效渗透率。连续测定 3 次,相对误差小于 3%。束缚水饱和度下的油相有效渗透率计算公式为

$$K_o(S_{ws}) = \frac{q_o \times \mu_{o*} \times L}{A \times (p_1 - p_2)} \times 10^2 \tag{4-10}$$

式中:$K_o(S_{ws})$ 为束缚水状态下油相有效渗透率,$10^{-3}\mu m$;q_o 为油的流量,mL/s;μ_o 为在测定

温度下油的黏度,mPa·s;L 为岩样长度,cm;A 为岩样截面积,cm^2;p_1 为岩样进口压力,MPa;p_2 为岩样出口压力,MPa。

对于非新鲜岩样,将建立了束缚水饱和度或经过恢复润湿性的岩样装入岩芯夹持器中用实验油驱替达 10 倍孔隙体积后,测定油相有效渗透率。其计算公式和测量次数及相对误差要求同新鲜岩样。

3. 实验过程

将油水按设定的比例注入岩样,待流动稳定时,记录岩样进口、出口压力和油水流量,称量岩样质量(用称重法时)或计量油水分离器中的油量、水量变化(用物质平衡法时)。改变油水注入比例,重复上述实验的测量步骤直至最后一个油水注入比结束实验。

4. 稳定的评判依据

在每一级油水流量比注入时,每一种流体至少应注入 3 倍岩样孔隙体积,并且岩样两端的压差稳定,同时满足以上 2 个条件时判定为稳定。

5. 油水注入比例

油水注入比例如表 4-5 所示。

表 4-5 油水注入比例表

油	水
20	1
10	1
5	1
1	1
1	5
1	10

6. 计算方法

(1)用称重法计算含水饱和度。

用称重法求含水饱和度,即

$$S_w = \frac{m_i - m_0 - V_p \times \rho_o}{V_p(\rho_w - \rho_o)} \times 100\% \tag{4-11}$$

式中:S_w 为岩样含水饱和度,%;m_i 为第 i 点含油水岩样的质量,g;m_0 为干岩样的质量,g;ρ_w 为在测定温度下饱和岩样的模拟地层水的密度,g/cm^3;ρ_o 为在测定温度下模拟油的密度,g/cm^3;V_p 为岩样有效孔隙体积,cm^3。

(2)用物质平衡法计算含水饱和度。

用物质平衡法求含水饱和度,即

$$S_w = S_{ws} + \frac{V_i - V_o}{V_p} \times 100\% \tag{4-12}$$

式中:V_o 为计量管中原始油的体积,cm^3;V_i 为第 i 种油水比下油水稳定后计量管内油的体积,cm^3;S_{ws}为束缚水饱和度,%。

(3)计算稳态法油-水相对渗透率。

稳态法油-水相对渗透率计算公式为

$$K_{we} = \frac{q_w \times \mu_w \times L}{A \times (p_1 - p_2)} \times 10^2 \tag{4-13}$$

$$K_{oe} = \frac{q_o \times \mu_o \times L}{A \times (p_1 - p_2)} \times 10^2 \tag{4-14}$$

$$K_{ro} = \frac{K_{oe}}{K_o \times (S_{ws})} \tag{4-15}$$

$$K_{rw} = \frac{K_{we}}{K_o \times (S_{ws})} \tag{4-16}$$

式中:q_w为水的流量,mL/s;μ_w为在测定温度下水的黏度,mPa·s;K_{we}为水相有效渗透率,$10^{-3}\mu m^2$;K_{rw}为水相相对渗透率,$10^{-3}\mu m^2$;K_{oe}为油相有效渗透率,$10^{-3}\mu m^2$;K_{ro}为油相相对渗透率,$10^{-3}\mu m^2$。

(二)非稳态法油-水相对渗透率测定

1. 建立束缚水饱和度

按照稳态法油-水相对渗透率测定中的步骤1和步骤2,建立束缚水饱和度。

2. 测定束缚水状态下油相渗透率

测定束缚水状态下油相有效渗透率,连续测定3次,相对误差小于3%。

3. 实验过程

(1)按照驱替条件的要求,选择合适的驱替速度或驱替压差进行水驱油实验。

(2)准确记录见水时间、见水时的累积产油量、累积产液量、驱替速度和岩样两端的驱替压差。

(3)见水初期,加密记录,根据出油量的多少选择时间间隔,随出油量的不断下降,逐渐加长记录时间的时间间隔,含水率达到90%～95%时或注水30倍孔隙体积后,测定残余油下的水相渗透率,结束实验。

(4)新鲜岩样必须用DeanStark抽提法确定实验结束时的含水量,用物质平衡法计算束缚水饱和度和相应的含水饱和度。

(5)计算方法。

非稳态法油-水相对渗透率和含水饱和度的计算公式为

$$f_o(S_w) = \frac{d\overline{V}_o(t)}{d\overline{V}(t)} \tag{4-17}$$

$$K_{ro} = f_o(S_w) \frac{d[1/\overline{V}(t)]}{d\{1/[I \times \overline{V}(t)]\}} \tag{4-18}$$

$$K_{rw} = K_{ro} \times \frac{\mu_w}{\mu_o} \times \frac{1 - f_o(S_w)}{f_o(S_w)} \tag{4-19}$$

$$I = \frac{Q(t)}{Q_o} \times \frac{\Delta p_o}{\Delta p(t)} \tag{4-20}$$

$$S_{we} = S_{ws} + \overline{V}_o(t) - \overline{V}(t) \times f_o(S_w) \tag{4-21}$$

式中：$f_o(S_w)$ 为含油率；$\overline{V}_o(t)$ 为无因次累积采油量，以孔隙体积的分数表示；$\overline{V}(t)$ 为无因次累积采液量，以孔隙体积的分数表示；K_{ro} 为油相相对渗透率的数值；K_{rw} 为水相相对渗透率的数值；I 为相对注入能力，又称流动能力比；Q_o 为初始时刻岩样出口端面产油流量，cm³/s；$Q(t)$ 为 t 时刻岩样出口端面产液流量，恒速法实验时 $Q(t) = Q_o$，cm³/s；Δp_o 为初始驱动压差，MPa；$\Delta p(t)$ 为 t 时刻驱替压差，恒压法实验时 $\Delta p(t) = \Delta p_o$，MPa；S_{ws} 为束缚水饱和度；S_{we} 为岩样出口端面含水饱和度。

（三）稳态法气-液相对渗透率测定

(1) 将已饱和模拟地层水的岩样装入岩芯夹持器，用驱替泵以一定的压力或流速使地层水通过岩样，待岩样进出口的压差和出口流量稳定后，连续测定 3 次水相渗透率，其相对误差小于 3%。

(2) 用加湿氮气或压缩空气驱水，建立岩样的束缚水饱和度，并测量束缚水状态下气相有效渗透率。

(3) 将气、水按一定的比例注入岩样，等到流动稳定时，测定进、出口的气、水压力和气、水流量以及含水岩样质量，并将数据填入原始记录表中。

(4) 实验至气相相对渗透率值小于 0.005 后，测定水相渗透率，然后结束实验。

(5) 计算方法。

气相、水相有效渗透率的计算公式为

$$K_{ge} = \frac{2 p_a \times q_g \times \mu_g \times L}{A \times (p_1^2 - p_a^2)} \times 10^4 \tag{4-22}$$

$$K_{we} = \frac{q_w \times \mu_w \times L}{A \times (p_1 - p_2)} \times 10^2 \tag{4-23}$$

式中：q_g 为气流量，mL/s；q_w 为水流量，mL/s；μ_g 为在测定温度下气的黏度，mPa·s；μ_w 为在测定温度下水的黏度，mPa·s；L 为岩样长度，cm；A 为岩样截面积，cm²；p_1 为岩样进口压力，MPa；p_2 为岩样出口压力，MPa；p_a 为大气压力，MPa。

气、水相对渗透率的计算公式为

$$K_{rg} = \frac{K_{ge}}{K_g(S_{ws})} \tag{4-24}$$

$$K_{rw} = \frac{K_{we}}{K_g(S_{ws})} \tag{4-25}$$

含水、含气饱和度的计算公式为

$$S_w = \frac{m_i - m_0}{V_p \times \rho_w} \times 100\% \tag{4-26}$$

$$S_g = 100 - S_w \tag{4-27}$$

式中：K_{rw} 为水相相对渗透率；K_{we} 为水相有效渗透率，$10^{-3} \mu m^2$；$K_g(S_{ws})$ 为束缚水状态下气相有效渗透率,$10^{-3}\mu m^2$;K_{rg}为气相相对渗透率;K_{ge}为气相有效渗透率,$10^{-3}\mu m^2$;S_w为岩样含水饱和度的数值;m_0为干岩样的质量,g;m_i为第 i 点含水岩样的质量,g;S_g为岩样含气饱和度,%。

根据计算结果绘制气-水相对渗透率与含水饱和度的关系曲线。

(四)非稳态法气-液相对渗透率测定

(1)将已饱和模拟地层水的岩样装入岩芯夹持器,用驱替泵以一定的压力或流速使地层水通过岩样,待驱替岩样进出口的压差和出口流量稳定后,连续测定 3 次水相渗透率,其相对误差小于 3%。此水相渗透率作为水-气相对渗透率的基础值。

(2)测定油-气相对渗透率时用油驱水的方法建立束缚水,直至不出水为止,或油驱替倍数达到 20 倍孔隙体积以上,记录驱出的水量,计算岩样的含油饱和度和束缚水饱和度。

(3)测定束缚水饱和度下油相的有效渗透率,待岩样进出口的压差和出口流量稳定后选 3 个压力点进行测定,测量值之间的相时误差小于 3%,取其算术平均值。此油相有效渗透率作为油-气相对渗透率的基础值。

(4)根据空气渗透率、水相渗透率及束缚水条件下油的有效渗透率,选取合适的驱替压差,初始压差必须保证既能克服末端效应又不产生紊流,初始气驱油(水)速度在 7~30 mL/min 之间为宜。

(5)调整好出口油(水)、气体积计量系统,开始气驱油(水),记录各个时刻的驱替压力、产油量及产气量。

(6)气驱油(水)至残余油(水)状态,测定残余状态下气相有效渗透率后结束实验。

(7)在残余油(水)状态下,完成气的有效渗透率测定后,在 1/2 和 1/4 驱替压力下分别测定气的有效渗透率,判断是否产生紊流。如果低压力下的有效渗透率高于驱替压力下的有效渗透率的 10%,则发生紊流。

(8)计算方法。

气体通过岩芯,当压力从岩样的进口 p_i 变化到出口 p 时,气体的体积亦随之变化,因此必须采用平均体积流量。按式(4-28)将岩样出口压力下测量的累积流体总产量值修正到岩样平均压力下的值。

$$V_i = \Delta V_{o(w)t} + V_{i-1} + \frac{2p_a}{\Delta p + 2p_a}\Delta V_{gi} \qquad (4-28)$$

式中:V_i 为 i 时刻的累积油(水)气产量,mL;V_{i-1} 为 $i-1$ 时刻的累积油(水)气产量,mL;$\Delta V_{o(w)t}$ 为到 i 时刻的油(水)增量,mL;p_a 为大气压力,MPa;Δp 为驱替压差,MPa;ΔV_{gi} 为大气压下测得的某一时间间隔的气增量,mL。

将油(水)气总产量按式(4-28)修正后,采用式(4-17)、式(4-18)、式(4-19)和式(4-20)计算非稳态油-水相对渗透率,其中驱替相为气体,被驱替相为油(水)。

五、注意事项

(1)实验在高压下进行,实验前应检查管线及密封情况,注意安全。

(2)切勿在不加入岩芯情况下加围压,避免胶套筒损坏。

(3)结束实验时必须放空,保持岩芯夹持器清洁干爽。

第四节 毛管力曲线的测定

一、实验目的

(1)了解压汞仪工作原理及仪器结构。
(2)掌握毛管力曲线测定方法及数据处理方法。

二、实验原理

(1)岩石孔隙结构复杂,可以看作一系列相互连通的、粗细不同的毛细管网络,汞不润湿岩芯,自然状态下不会进入岩石孔隙,在外加压力的作用下,汞将克服毛管力进入喉道连通的岩石孔隙,孔隙喉道半径越大,阻止汞进入喉道的毛管力越小。因此,随外加压力的增加,汞将首先进入较大的喉道连通的岩石孔隙,然后逐渐进入较小的喉道连通的岩石孔隙。

(2)当汞进入最细的喉道连接的岩石孔隙之后,压力增加,岩芯中的汞饱和度不再增加,毛管力曲线为垂线,此时汞饱和度为最大汞饱和度 S_{Hgmax},降低压力,岩芯中的汞从小的喉道到大的喉道依次退出;压力为0时,岩芯中的汞饱和度为最小汞饱和度 S_{Hgmin}。

三、实验仪器

压汞仪全套仪器由高压岩芯室,汞体积计量系统,压力计量系统,补汞装置,高压动力系统,真空系统六大部分组成(图4-6、图4-7)。

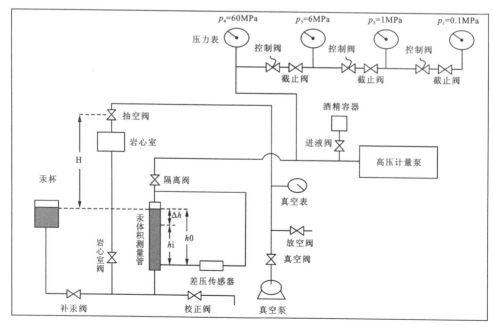

图4-6 压汞仪流程图

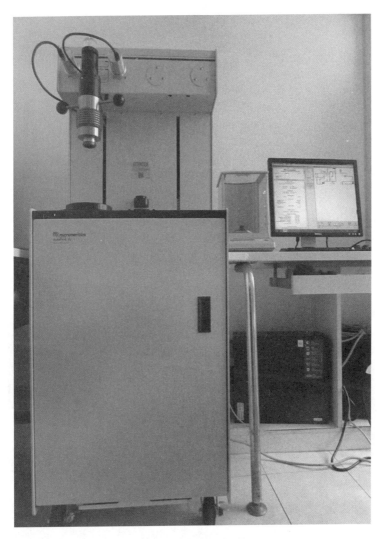

图 4-7 压汞仪设备图

(1)高压岩芯室:该仪器设有一个岩芯室,岩芯室采用不锈钢材质,对称半螺纹密封,密封可靠,使用便捷。样品参数:$\varphi 25 \times 20 \sim 25 \mathrm{mm}$ 岩样;可测孔隙直径范围为 $0.03 \sim 750 \mu \mathrm{m}$。

(2)汞体积计量系统:采用高精度差压传感器配合特制汞体积计量管进行计量,精度高、稳定性好。汞体积分辨率$\leqslant 30 \mu \mathrm{L}$;最低退出压力$\leqslant 0.3 \mathrm{Psi}(0.002 \mathrm{MPa})$。

(3)压力计量系统:采用串联阶梯式计量的方法,主要由4个不同量程的压力表串联连接,由压力控制阀自动选择不同量程的压力表计量不同压力段的压力值,提高了测量的准确性。压力表量程为0.1MPa、1MPa、6MPa、60MPa各一支;可测定压力点数目$\geqslant 100$个。

(4)补汞装置:主要由调节系统、汞面探测系统及汞杯组成,并由指示灯显示汞面位置。

(5)高压动力系统:由高压计量泵组成。工作压力$0.002 \sim 50 \mathrm{MPa}$;压力平衡时间$\geqslant 60 \mathrm{s}$。

(6)真空系统:主要由真空泵以及相关的管路阀件组成。真空度$\leqslant 0.005 \mathrm{mmHg}$;真空维持时间$\geqslant 5 \mathrm{min}$。

四、实验步骤

(1)用游标卡尺测量岩芯直径、长度,查得所用岩芯的孔隙度并记录。

(2)根据所用设备标号查得汞体积计量管截面积并记录。

(3)打开岩芯室,放入岩样后关紧岩芯室。

(4)关岩芯室阀,打开抽空阀,开真空阀,关真空泵防空阀,开真空泵电源,对岩芯室抽真空15~20min。

(5)调整汞面指针手柄,使指针对准760mm(形成一个大气压),打开汞面指示灯开关,调整汞杯升降手柄(顺时针转汞杯升,逆时针降),使指示灯位于亮与不亮的位置,此时,汞面与短碳棒接触。

(6)打开隔离阀,开岩芯室阀,开补汞阀,使汞杯中的汞进入岩芯室。

(7)缓慢顺时针旋转汞杯升降手柄,使汞面指示灯刚好点亮,使汞杯页面与抽空阀距离刚好为760mm汞柱。

(8)关抽空阀,关补汞阀,关真空泵电源,开真空泵放空阀。

(9)关进液阀,调整计量泵,使最小量程压力表读数为0,由数显屏读取计量管初始汞柱高度 h_0 并记录。

(10)按实验数据表设定压力逐级进泵加压,压力范围为0.005~10MPa,第一个压力点为0.005MPa,在压力稳定后,由压力表读取毛管力 p_1,由数显屏读取计量管汞柱高度 h_1 并记录,继续进泵,按实验数据表逐级加压,直至最高设定压力10MPa(注意:当压力升至0.06MPa后,关闭截止阀3保护0.1MPa量程的压力表,当压力升为0.6MPa后关闭截止阀2,当压力升为3MPa后关闭截止阀1)。

(11)测完10MPa的压力点后,按实验数据表设定压力逐级退泵降压,压力稳定后记录退泵压力和计量管汞柱高度直至退到0MPa(注意:当压力降到3MPa时,打开截止阀1,当压力降到0.6MPa时,打开截止阀2,当压力降到0.06MPa时,打开截止阀3)。

(12)降压过程中,当0MPa的压力点测完后,实验结束,打开进液阀,关隔离阀,开补汞阀,开抽空阀,使岩芯室中汞回落。

(13)打开岩芯室,去除废岩芯,放入回收瓶,关紧岩芯室,清理岩芯室内台阶以及工作台上的汞珠,整理仪器,结束实验。

五、实验数据处理

1. 计算岩芯含汞饱和度

在进汞退汞实验中,任一压力下,实际进入岩芯的汞在计量管内的高度差为

$$h_0 - h'_i = \Delta h_i - \Delta \sigma_i = (h_0 - h_i) - \Delta \sigma_i \tag{4-29}$$

校正后的汞柱高度为

$$h'_i = h_i + \Delta \sigma_i \tag{4-30}$$

汞本身的压缩值 $\Delta \sigma_i$ 通过空白实验获得,空白实验为将与岩芯体积相同的不锈钢块放入岩芯室,按上述步骤进行压汞退汞实验,即可测得不同压力下的汞体积计量管中汞柱高度并

由此可求得汞本身的压缩值 $\Delta \sigma_i$。

岩芯中含汞饱和度为

$$S_{Hgi} = \frac{A(h_0 - h_i')}{V_p} \times 100\% \tag{4-31}$$

式中：V_p 为岩芯孔隙体积；A 为汞体积测量管截面积。

2. 绘制毛管力曲线

根据压汞退汞中测得压力及对应岩芯中的含汞饱和度，在半对数坐标系或直角坐标系下绘制毛管力曲线。

3. 计算毛管力对应的孔隙半径

已知汞表面张力为 480mN/m，润湿角取 140°。

$$r = \frac{2\sigma_{Hg}\cos\theta_{Hg}}{P_c} = \frac{-2 \times 480 \times \cos 140°}{P_c} = \frac{0.7354}{P_c} (\mu m) \tag{4-32}$$

第五节 等温吸附曲线的测定

等温吸附曲线是吸附量随平衡浓度而变化的曲线，在温度一定的条件下，吸附量随着吸附质平衡浓度的提高而增加。根据吸附等温线可了解吸附剂的吸附表面积、孔隙容积、孔隙大小分布，并判定吸附剂对被吸附溶剂的吸附性能。实际工作中常通过测定各种吸附剂的等温吸附曲线作为合理选用特定用途的吸附剂品种的重要参考依据。表示吸附量与溶液浓度或气体压力关系的公式叫等温吸附式，这种关系用图来表示叫等温吸附曲线。上述物理量要给出一般的关系式是困难的，多孔质的固体吸附可采用 Frundlich 吸附实验，接近于单分子层的饱和吸附服从 Langmuir 吸附等温式。

一、实验目的

(1) 了解等温吸附曲线测定的原理。
(2) 了解等温吸附仪的使用方法。

二、实验原理

等温吸附测定目前常用的方法有容积法和重量法。

容积法测定等温吸附曲线的原理：首先，将具有一定粒度的干燥状态或平衡水状态的页岩样品置于密闭容器中，测定页岩样品在恒定温度、不同压力条件下达到吸附平衡时吸附甲烷气体的体积；然后，根据 Langmuir 单分子层吸附理论，计算出表征页岩对甲烷气体吸附特征的参数，即兰氏体积（V_L）和兰氏压力（p_L），并绘制等温吸附曲线。

重量法测定等温吸附曲线的原理：将制备的页岩样品置于密封腔室中，在恒定温度、不同压力测点下进行甲烷吸附，利用磁悬浮天平记录的质量变化来获取吸附的甲烷气体质量，然后根据 Langmuir 理论模型求得页岩吸附特征参数，并绘制等温吸附曲线。

三、实验仪器

样品制备所需仪器设备有粉碎机、标准筛、天平、干燥箱、干燥器。

等温吸附仪有以下配置：样品缸、参考缸、恒温控制系统、温度监测系统、压力监测系统、磁悬浮天平、气体增压泵、真空泵。

四、实验步骤

(一)容积法测定等温吸附曲线实验步骤

1. 装样

将称量后的页岩样品装入样品缸中，实验装置如图4-8所示。

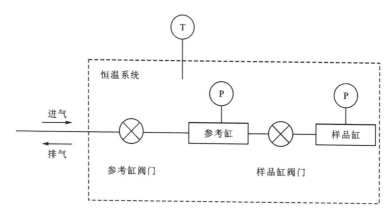

图4-8 容积法测定等温吸附曲线实验装置示意图

2. 气密性检查

(1)调节系统温度，使实验过程中参考缸和样品缸的温度稳定在测试温度，测试温度通常设定为地层温度。

(2)打开参考缸阀门和样品缸阀门，向参考缸和样品缸内充入氦气，压力设置为样品最高测试压力的1.2倍，关闭参考缸和样品缸阀门。

(3)采集参考缸和样品缸中的压力数据，若压力在6h内变化不超过总压力的1%，则视为系统气密性良好。

(4)若气密性良好，则放空参考缸和样品缸中气体，为下一步自由空间体积的测定做准备；若气密性不好，则需放空缸中气体，排除漏气原因后，重复(2)、(3)步骤，直至系统气密性良好后，放空参考缸和样品缸中气体，为下一步自由空间体积的测定做准备。

3. 实验条件设置

(1)样品最高测试压力：样品最高测试压力通常设置为地层压力。

(2)测试压力点分布。样品最高测试压力为p_{max}，不同最高测试压力下，压力点设置情况如下:①当 p_{max}≤20MPa 时,测试压力点不少于 8 个;②当 20MPa< p_{max}≤30MPa 时,测试压力点不少于 9 个;③当 p_{max}>30MPa 时,测试压力点不少于 10 个。

(3)平衡条件。根据页岩样品质量等实际情况确定,但平衡时间应不少于 2h。

4. 自由空间体积测定

(1)第一次平衡:关闭样品缸阀门,打开参考缸阀门,向参考缸中充入氦气,调节其压力为最高测试压力的 1/2,关闭参考缸阀门。压力平衡后,记录参考缸和样品缸中压力和温度数据。

(2)第二次平衡:打开样品缸阀门,压力平衡后,记录参考缸和样品缸压力和温度数据。

(3)每一次自由空间体积测定结束后,放空参考缸和样品缸中的气体,自由空间体积需测定 3 次,每组数据之间的允许误差为±0.1cm^3,自由空间体积取 3 次结果的平均值。

5. 等温吸附测试

(1)第一次平衡:关闭样品缸阀门,打开参考缸阀门,向参考缸中充入测试气体,调节参考缸压力至初始设定压力。压力平衡后,记录参考缸和样品缸内压力和温度数据。

(2)第二次平衡:打开样品缸阀门,当样品缸和参考缸压力达到平衡后,记录样品缸、参考缸内压力和温度数据。

(3)自低而高逐个压力点进行测试,重复(1)、(2)步骤,直至最后一个压力点测试结束。

6. 等温解吸测试

(1)第一次平衡:关闭样品缸阀门,打开参考缸阀门,参考缸放出一定气体后,关闭参考缸阀门。压力平衡后,记录参考缸和样品缸内压力和温度数据。

(2)第二次平衡:缓慢打开样品缸阀门,放出气体至参考缸,当样品缸压力达到解吸压力点的设定压力时,关闭样品缸阀门。压力平衡后,记录样品缸和参考缸内压力和温度数据。

(3)自高而低逐个压力点进行测试,重复(1)、(2)步骤,直至最后一个压力点测试结束。

(二)重量法测定等温吸附曲线实验步骤

1. 气密性检查

气密性检查采用甲烷气。高压密封腔室内注入压力高于等温吸附试验最高压力约 1MPa 的甲烷气,记录 10min 内压力变化,若压力下降不超过 0.5MPa,则视为系统气密性合格;若 10min 内压力下降超过 0.5MPa,则气密性不合格,需放空气体,排除漏气原因后重复检查,直至系统气密性合格。

2. 空白实验

恒温条件下,将样品框吊装于高压腔室内密封,采用氦气作为介质,在 0~6MPa 范围内均匀选择不少于 6 个压力点进行测试,获取一组不同压力下天平读数来求算样品筐质量和体积。

3. 预处理实验

(1)真空度设定。将样品装入样品筐后吊装于高压腔室内密封,利用真空泵进行原位真空预处理,真空度小于1kPa。

(2)预处理温度设定。吸附实验温度不高于100℃时,预处理温度设定为105～110℃;吸附温度高于100℃时,预处理温度比吸附温度高5～10℃。

(3)预处理时间设定。预处理时间不少于8h。

4. 浮力实验

(1)浮力实验压力设定。待预处理结束后,采用氦气作为介质进行浮力实验,获取一组不同压力下天平读数来求算样品体积。在0～6MPa范围内均匀选择不少于6个压力点。第一个压力点设为真空,真空度小于1kPa。

(2)浮力实验温度设定与甲烷吸附实验温度设定相同。

(3)浮力实验平衡条件。温度波动不超过0.2℃条件下,平衡时间不少于1h或10min内天平记录的质量变化小于50μg,则该测点视为达到平衡。

5. 吸附实验

(1)吸附实验压力点设置。待浮力实验结束后,将甲烷气利用气体增压泵增压到超过等温吸附实验最高压力约1MPa,采用增压后的甲烷气作为介质进行吸附实验,获取一组不同压力下天平读数来求算吸附气质量。第一个压力点设为真空,真空度小于1kPa。压力设置遵循前密后疏的原则,推荐按照如下范围进行压力点设置:①当压力 $p \leqslant 30$MPa 时,压力间隔不大于2MPa;②当压力 $p > 30$MPa 时,压力间隔不大于5MPa。

(2)吸附平衡条件。温度波动不超过0.2℃条件下,平衡时间不少于2h或10min内天平记录的质量变化小于50μg,则该测点视为达到平衡。

6. 脱附实验

吸附测点结束后,如需开展脱附实验,脱附压力点宜与吸附压力点保持一致。脱附平衡条件与吸附实验相同。

五、注意事项

(1)实验在高压下进行,实验前应检查管线及密封情况,注意安全。

(2)同一个样品两次重复性测试得到 V_L、p_L 的相对误差应不超过10%。

第六节 储层敏感性分析

一、流速敏感性评价实验

(一)实验目的

速敏(流速敏感性评价)实验的主要目的是认识流体在地层中流动时其流动速度对储层渗透率产生的影响,了解注采速度对储层渗透率可能存在的影响,培养学生的综合分析能力及实验动手能力。

(二)实验原理

通过测定岩芯在不同注入速度下单相流体(地层水或煤油)的渗透率,分析流体的流速对岩芯渗透率的伤害程度,判断储层的流速敏感性。

(三)实验仪器设备

平流泵或类似泵,岩芯夹持器,中间容器,围压泵,六通阀,压力表,秒表,体积计量装置,管线阀门,游标卡尺。

(四)使用介质

一般用模拟地层水,但应采用 G5 砂心漏斗除去杂质。也可采用煤油,实验用煤油或模拟油需先经过干燥,再用白土除去极性物质,然后再用 G5 砂心漏斗过滤。

(五)实验方法

选择一个低流速(低流量)向岩芯注入地层水(或煤油),记录该注入流速下的压差,测流量,待流动状态稳定后;再选择一个高流速(高流量),按同样的方法,记录较高注入流速下的压差,测流量。

(六)实验前的预备工作

(1)选取岩样,准备好实验用盐水或煤油,抽空饱和实验用岩芯(老师在实验前完成)。
(2)依据实验原理及实验方法,设计实验流程,画好实验流程图(学生在实验前完成)。

(七)实验步骤

(1)按设计的实验流程接好管线。
(2)熟悉驱替泵的操作,排出驱替泵的气体。
(3)将岩样放入岩芯夹持器,应使液体在岩样中的流动方向与测定气体渗透率时气体的流动方向一致。
(4)缓慢将围压调至 2MPa,除应力敏感性评价实验外,检测过程中始终保持围压值大于岩芯上游压力 1.5~2.0MPa。
(5)打开岩芯夹持器进口端排气阀,开驱替泵(泵速不超过 2mL/min),这时驱替泵(或接中间容器)至上游管线中的气体从排气阀中排出。当气体排净后,管线中全部充满实验流体,暂停驱替泵。
(6)将驱替泵的流量调到实验选定的流量,打开驱替泵,进行驱替。
(7)每隔 10min 记录岩芯两端的压差,测定流量,待流动状态趋于稳定后,测盐水(或煤油)的黏度(按照行业标准,规定流量的设置为 0.10mL/min、0.25mL/min、0.50mL/min、0.75mL/min、1.00mL/min、1.5mL/min、2.0mL/min、3.0mL/min、4.0mL/min、5.0mL/min、6.0mL/min,当测出临界流速后,流量间隔可以加大,由于时间有限,本次实验只测两个流量)。

(8)选择一个较高流量,测定方法同步骤(7)。

(9)关闭驱替泵,卸去围压,取出岩芯,结束实验。

(八)数据处理方法

(1)由速敏引起的速敏损害率的计算公式为

$$D_{KI} = \frac{\overline{K_{w1}} - \overline{K_{w2}}}{\overline{K_{w1}}} \times 100\% \tag{4-33}$$

式中:D_{KI} 为速敏损害率,%;$\overline{K_{w1}}$ 为低流量下测得的岩芯模拟地层水(或煤油)渗透率,$10^{-3}\,\mu m^2$;$\overline{K_{w2}}$ 为高流量下测得的岩芯模拟地层水(或煤油)渗透率,$10^{-3}\,\mu m^2$。

(2)评价指标。速敏损害程度评价指标见表 4-6。

表 4-6 速敏损害程度评价指标

渗透率损害率/%	损害程度
$D_{KI} \leqslant 5$	无
$5 < D_{KI} \leqslant 30$	弱
$30 < D_{KI} \leqslant 50$	中等偏弱
$50 < D_{KI} \leqslant 70$	中等偏强
$D_{KI} > 70$	强

(九)注意事项

(1)开始实验时打开泵开关,一定要排出泵中的空气以及泵至中间容器控制阀之间管线中的气体。

(2)中间容器装液体时,要排出容器内壁上的空气以及中间容器到岩芯入口端管线中的气体。

(3)如果实验用流体为盐水,实验结束后要用蒸馏水洗泵。

二、水敏感性评价实验

(一)概述

水敏感性是指较低矿化度的注入水进入储层后引起黏土膨胀、分散、运移,使得渗流通道发生变化,导致储层岩石渗透率发生变化的现象。产生水敏感性的根本原因主要与储层中黏土矿物的特性有关,如蒙皂石、伊/蒙混层矿物在接触到淡水时发生膨胀后体积比正常体积要大许多倍,并且高岭石在接触到淡水时由于离子强度突变会扩散运移。膨胀的黏土矿物占据许多孔隙空间,非膨胀黏土的扩散释放许多微粒,因此水敏感性实验目的在于评价产生黏土膨胀或微粒运移时引起储层岩石渗透率变化的最大程度。黏土矿物含量的高低直接影响着储层水敏感性的强弱。此外,影响储层水敏感性强弱程度的因素不仅与黏土矿物的种类和含量有关,还取决于黏土矿物在地层中的分布形态及地层的孔隙结构特征等。

(二)实验流体

1. 初始测试流体

初始测试流体是指测定岩样初始渗透率所用流体。初始测试液体应选择现场地层水、模拟地层水或同矿化度下的标准盐水。无地层水资料的可选择8%(质量分数)标准盐水作为初始测试流体。

2. 中间测试流体

中间测试流体为1/2初始流体矿化度盐水,其获取可根据流体化学成分配制或用蒸馏水将现场地层水、模拟地层水或同矿化度下的标准盐水按一定比例稀释。

(三)操作步骤

1. 实验准备

实验准备参考流速敏感性实验。

2. 实验步骤

采用初始测试流体测定初始液体渗透率。测定岩样初始液体渗透率后,用中间测试流体驱替,驱替速度与初始流速保持一致。驱替10~15倍岩样孔隙体积,停止驱替,保持围压和温度不变,使中间测试流体充分与岩石矿物发生反应12h以上;将驱替泵流速调至初始流速,再用中间测试流体驱替,测定岩芯渗透率。同样的方法进行蒸馏水驱替实验,并测定蒸馏水下的岩样渗透率。

3. 岩芯渗透率的测定要求

按照要求测量压力、流量、时间及温度,待流动状态趋于稳定后记录检测数据。

4. 数据处理方法

由水敏感性引起的水敏损害率的计算公式为

$$D_w = \frac{\overline{K_{w1}} - \overline{K_{w2}}}{\overline{K_{w1}}} \times 100\% \qquad (4-34)$$

式中:D_w为水敏损害率,%;$\overline{K_{w1}}$为水敏实验中蒸馏水所对应岩样渗透率,$10^{-3}\mu m^2$;$\overline{K_{w2}}$为初始(水敏实验中初始测试流体所对应岩样渗透率)渗透率,$10^{-3}\mu m^2$。

(四)评价指标

水敏损害程度评价指标见表4-7。

表 4-7 水敏损害程度评价指标

渗透率损害率/%	损害程度
$D_w \leq 5$	无
$5 < D_w \leq 30$	弱
$30 < D_w \leq 50$	中等偏弱
$50 < D_w \leq 70$	中等偏强
$D_w > 70$	强

(五)注意事项

(1)由于实际油藏油水饱和度的差异性,水敏感性实验所得的实验结果与实际油藏有一定的偏差。

(2)高黏土矿物含量的岩样会产生岩样初始渗透率偏低的现象,对最终水敏感性实验结果的判断造成一定的偏差,因此当岩样初始渗透率与岩样气体渗透率比值较小时,可认定该岩样为水敏感性岩样,研究人员与实验人员应在测试报告中对这一现象进行论述。

(3)岩样变换中间流体驱替时,如果驱替中间流体 10~15 倍后,岩样渗透率保持稳定,可不用进行中间流体浸泡过程,直接进行蒸馏水驱替。

(4)岩样进行蒸馏水驱替时,在较短的时间内其驱替压力迅速升高,通过渗透率计算判断该岩样水敏损害程度已达极强水敏时,可不用进行蒸馏水浸泡过程并结束水敏感性实验。

三、盐度敏感性评价实验

(一)概述

盐度敏感性是指一系列矿化度的注入水进入储层后引起黏土膨胀或分散、运移,使得储层岩石渗透率发生变化的现象。储层产生盐度敏感性的根本原因是储层黏土矿物对于注入水的成分、离子强度及离子类型很敏感。盐度敏感性伤害机理与水敏感性伤害机理相似,如蒙皂石、伊/蒙混层矿物与低矿化度流体接触时发生膨胀,高岭石在储层流体离子强度突变时会扩散运移等。盐度敏感性是各类油气层敏感性伤害中最常见的一种,大量的研究结果表明,对于中、强水敏地层在选择入井液时应避免低矿化度流体。但在室内研究和现场实践中,也存在高于地层水矿化度的入井液引起渗透率降低的现象,这是因为高矿化度的流体压缩黏土颗粒扩散双电层厚度,造成颗粒失稳、脱落,堵塞孔隙喉道,所以入井液矿化度的选择应针对具体情况进行评价并合理选择。盐度敏感性评价实验的目的是了解储层岩石在接触不同矿化度流体时渗透率发生变化的规律。

第四章　储层岩石-流体交互作用物性参数的测定

(二)实验流体

1. 初始测试流体

初始测试流体是指测定岩样初始渗透率所用流体,初始测试液体选择现场地层水、模拟地层水或同矿化度下的标准盐水。无地层水资料的可选择8%(质量分数)标准盐水作为初始测试流体。

2. 中间测试流体

中间测试流体为不同矿化度盐水,其获取可根据流体化学成分配制或用蒸馏水将现场地层水、模拟地层水或同矿化度下的标准盐水按一定比例稀释。

(三)操作步骤

1. 盐度降低实验

(1)参考水敏感性实验结果进行选择,如果水敏感性实验最终蒸馏水下岩样渗透率的损害率不大于20%,则无须进行盐度降低敏感性评价实验;如果水敏实验最终蒸馏水下岩样渗透率的损害率大于20%,则需进行盐度降低敏感性评价实验。

(2)盐度降低敏感性评价实验中间测试流体矿化度的选择。根据水敏感性实验中间测试流体及蒸馏水所测定的岩样渗透率结果选择实验流体矿化度,相邻两种矿化度盐水损害率大于20%时加密盐度间隔。应选择不少于4种流体矿化度的盐水进行实验。

(3)实验流速的选择参考流速敏感性实验结果。

(4)不同矿化度流体下的岩样渗透率测定实验过程参考流速敏感性实验执行。

(5)按照要求测定岩芯的渗透率值。

2. 盐度升高实验

(1)本项评价实验仅针对外来流体矿化度高于地层流体矿化度或有特殊要求的盐度敏感性评价实验时进行。

(2)盐度升高敏感性实验流体矿化度的选择。根据外来流体及地层流体矿化度的具体情况合理选择实验流体矿化度,矿化度差别较大可适当加密测试流体矿化度。应选择不少于3种流体矿化度的盐水进行实验。

(3)实验流速的选择参考流速敏感性实验结果。

(4)采用初始测试流体测定岩样初始液体渗透率。测定岩样初始液体渗透率后,用选好的高于初始测试流体矿化度的中间测试流体驱替。驱替速度与初始流速保持一致,驱替10~15倍岩样孔隙体积,停止驱替,保持围压和温度不变,使盐水充分与岩石矿物发生反应12h以上;将驱替流速调至初始流速,再用相同的中间测试流体驱替,测定液体渗透率。同样的方法进行其他矿化度下的盐水驱替实验,并进行到最高矿化度盐水驱替实验,测定相应矿化度盐水下的岩样渗透率。

3. 数据处理方法

由盐度敏感性引起的盐敏损害率的计算公式为

$$D_{ni} = \frac{\overline{K_i} - \overline{K_n}}{\overline{K_i}} \times 100\% \qquad (4-35)$$

式中：D_{ni} 为盐敏损害率，%；$\overline{K_n}$ 为盐敏实验中蒸馏水所对应岩样渗透率，$10^{-3}\mu m^2$；$\overline{K_i}$ 为初始（水敏实验中初始测试流体所对应岩样渗透率）渗透率，$10^{-3}\mu m^2$。

(四) 评价指标

盐敏损害程度评价指标见表 4-8。

表 4-8 盐敏损害程度评价指标

渗透率损害率/%	损害程度
$D_{ni} \leqslant 5$	无
$5 < D_{ni} \leqslant 30$	弱
$30 < D_{ni} \leqslant 50$	中等偏弱
$50 < D_{ni} \leqslant 70$	中等偏强
$D_{ni} > 70$	强

(五) 绘制实验曲线

以系列盐水的矿化度为横坐标，以对应不同矿化度下的岩样渗透率与初始渗透率的比值为纵坐标，绘制盐度敏感性评价实验曲线。对于盐度降低敏感性评价实验曲线横坐标应按盐水矿化度降低趋势绘制，盐度升高敏感性评价实验按盐水矿化度升高趋势绘制。

(六) 实验结论

随流体矿化度的变化，岩石渗透率变化率 D_{ni} 大于 20% 时所对应的前一个点的流体矿化度即为临界矿化度。

(七) 注意事项和应用局限

(1) 盐度降低敏感性初始流体的选择，原则上应按照本标准规定执行，但对于地层流体矿化度较低的油藏以及特定实验研究的需求，可适当提高初始测试流体的矿化度。

(2) 盐度降低敏感性初始测试流体的选择也可参照水敏感性评价实验结果，当水敏感性实验岩样初始渗透率与气体渗透率比值较小时，应适当提高初始测试流体的矿化度。

(3) 临界矿化度的确定与盐度敏感性评价实验中间流体矿化度间隔的选择密切相关，不同流体矿化度间隔的盐度敏感性实验其临界矿化度的值会有所差别。

(4) 岩样用中间测试流体驱替时，如果驱替中间测试流体 10~15 倍后，岩样渗透率保持稳定，可不用进行中间测试流体浸泡过程，直接进行其他中间测试流体驱替实验。

四、酸敏感性评价实验

酸敏感性是指酸液进入储层后与储层的酸敏性矿物及储层流体发生反应,产生沉淀或释放出微粒,使储层渗透率发生变化的现象。酸敏感性导致储层损害的形式主要有两种:一是产生化学沉淀或凝胶;二是破坏岩石原有结构,产生或加剧流速敏感性。酸敏与酸化不同,酸敏感性实验一般反映的是酸化过程中的残酸自身变化及储层岩石矿物发生反应对储层岩石渗透率造成的影响。

(一)实验目的

酸敏感性评价实验目的在于了解酸液是否会对地层产生伤害及伤害的程度,以便优选酸液配方,寻求更为合理、有效的酸化处理方法,为油田开发中的方案设计、油气层损害机理分析提供科学依据。

产生酸敏的因素很多,一般而言,储层酸敏潜在因素有如下几点:

(1)储层含绿泥石、菱铁矿、辉铁矿等含铁矿物较多,易形成铁的氢氧化物沉淀,当pH值升高时,铁离子会产生不溶性的氢氧化物沉淀,堵塞孔隙喉道,使酸化效果降低。

(2)微化物沉淀土酸中的F^+与Ca^{2+}、Mg^{2+}反应生成不溶性的CaF_2、MgF_2,同时石英可以和氢氟酸反应生成氟硅酸盐和水化硅凝胶,堵塞孔隙喉道,导致渗透率下降。

(3)酸化释放出的黏土颗粒发生膨胀运移,也可降低酸化效果。

不同的地层应有不同的酸液配方,配方不合适或措施不当,不但不会改善地层状况,反而会使地层受到伤害,影响措施效果。

(二)实验流体

1. 实验用水

实验用水采用与地层水相同矿化度的氯化钾溶液,无地层水资料的可选择8%(质量分数)氯化钾溶液作为实验流体。

2. 实验用酸

实验用酸采用不同浓度的盐酸或氢氟酸用化学纯浓度的盐酸、氢氟酸和蒸馏水配制而成。

(三)酸液选择

1. 常规实验酸液

实验酸液如无特殊要求可选择15%HCl或12%HCl+3%HF,碳酸盐岩储层直接选用15%HCl。

2. 酸液选择实验步骤

(1)针对有特殊要求的砂岩储层的酸敏感性评价实验选择适当酸液。碳酸盐岩储层直接选用盐酸进行实验。

(2)将已洗油的岩样(或碎块)经研磨后过(0.175mm)孔径标准筛,筛出物在80℃下烘至恒重备用。

(3)按固液比为1.5g岩样:10mL酸液。酸液体积不超过30mL,在电子天平上称取两份岩样,放置于5mL塑料离心管中,同时称量滤纸和空称量瓶的质量。

(4)离心管中分别加入选定酸液后,加盖防止反应液挥发。

(5)将离心管放入恒温水浴振荡器中,反应温度为酸敏实验设定温度。以一定频率振荡,约每10~30min手工振荡离心管一次,经1h后取出离心管,将取出的离心管在3000r/min下离心5~10min。

(6)用浓度约0.1%的NaOH溶液洗涤分离出的滤液至接近中性后,用蒸馏水洗涤至中性,碳酸盐岩样可直接用蒸馏水洗涤。

(7)用已称量过的滤纸过滤反应物,滤渣连同滤纸一起置于已称量的称量瓶中,在80℃下烘干至恒重,计算出滤渣的质量。

(8)溶失率的计算公式为

$$R_w = \frac{W_0 - W_1}{W_0} \times 100\% \qquad (4-36)$$

式中:R_w为溶失率;W_0为岩样与酸液反应前的质量,g;W_1为岩样与酸液反应后的质量,g。

(9)选定的酸液浓度。盐酸:5%、10%、15%、20%、25%、28%;土酸:固定其中的盐酸浓度为12%,调整氢氟酸分别为1%、2%、3%、4%,或按油田要求的浓度配制酸液。

(10)砂岩样品最佳酸浓度的选择原则是溶失率在20%~30%之间。

(四)操作步骤

1. 实验准备

实验准备参照流速敏感性评价实验执行,实验流速的选择参考流速敏感性评价实验结果。

2. 回压的选择

对于碳酸盐含量较高的岩样,应模拟地层的压力条件并在岩芯出口端加装回压控制系统。由酸液与碳酸盐反应生成大量的CO_2气体,而CO_2气体在水中的溶解度对压力极为敏感,如果不加以控制,实验中生成的CO_2气体极易从水中逸出造成渗流过程中的贾敏效应,从而对酸敏感性评价实验结果造成一定的偏差。回压大小可根据油藏实际情况及CO_2气体在不同压力、温度条件下的溶解度情况进行选择。

3. 实验过程

用与地层水相同矿化度的氯化钾溶液测定岩样酸处理前的液体渗透率,砂岩样品反向注入0.5~1.0倍孔隙体积酸液,碳酸盐岩样品反向注入1.0~1.5倍孔隙体积的15% HCl溶液。停止驱替后关闭夹持器进出口阀门,砂岩样品与酸反应时间为1h,碳酸盐岩样品与酸反应时间为0.5h。酸岩反应后正向驱替与地层水相同矿化度的氯化钾溶液,测定岩样酸处理后的液体渗透率。

4. 岩芯渗透率的测定要求

按要求测量压力、流量、时间及温度,等待流动状态趋于稳定后,记录检测数据。

(五)数据处理

由酸敏感性引起的酸敏损害率的计算公式为

$$D_{ac} = \frac{\overline{K_i} - \overline{K_{ac}}}{\overline{K_i}} \times 100\% \tag{4-37}$$

式中:D_{ac}为酸敏损害率,%;$\overline{K_{ac}}$为酸处理后实验流体所对应岩样渗透率,$10^{-3}\mu m^2$;$\overline{K_i}$为初始(水敏实验中初始测试流体所对应岩样渗透率)渗透率,$10^{-3}\mu m^2$。

(六)评价指标

酸敏损害程度评价指标见表4-9。

表4-9 盐敏损害程度评价指标

渗透率损害率/%	损害程度
$D_{ac} \leqslant 5$	无
$5 < D_{ac} \leqslant 30$	弱
$30 < D_{ac} \leqslant 50$	中等偏弱
$50 < D_{ac} \leqslant 70$	中等偏强
$D_{ac} > 70$	强

(七)绘制实验曲线

以酸液处理岩样前后过程或酸液处理岩样前后流体累积注入倍数为横坐标,以酸液处理前后的岩样液体渗透率与初始渗透率的比值为纵坐标,绘制酸敏感性评价实验曲线。

(八)注意事项和应用局限

(1)由于实际油藏地层原油及地层流体的存在,酸敏实验所得的实验结果与实际油藏有一定的偏差。

(2)由于测试系统与酸接触而产生的腐蚀产物对酸敏感性实验结果有一定的影响,因此要求测试系统须耐酸腐蚀。

(3)进行土酸敏感性评价实验时,氯化钾溶液与氢氟酸及硅酸盐反应生成的次沉淀物会对酸敏感性试验结果造成一定的影响。

(4)酸液对人体有一定的危害,因此进行本项实验时必须配备防护措施。

五、碱敏感性评价实验

碱敏感性是指外来的碱性液体与储层中的矿物反应使其分散、脱落或生成新的沉淀或胶状物质,堵塞孔隙喉道,造成储层渗透率变化的现象。地层流体 pH 值一般分布在 4~9 范围,如果进入储层的外来流体的 pH 值过高或过低,都会引起外来流体与储层的不配伍问题。常见的碱敏感性矿物主要有隐晶质类石英、碳酸盐及黏土组分中的高岭石、蒙脱石等。碱敏感性评价实验的目的在于了解各种入井的碱液对储层是否造成伤害及伤害程度的大小。例如钻井过程中的钻井液、水泥浆,油层压裂改造使用的压裂液等碱性工作液进入储层,与岩石矿物反应,造成微粒运移形成对储层的伤害;碱驱及复合驱过程中,高矿化度碱性工作液与储层长时间接触,不仅与储层中岩石矿物反应,还造成岩石矿物的溶解,形成对储层的伤害。

据目前国内外的研究情况,碱敏伤害机理主要有以下几点:

(1)碱性工作液诱发黏土矿物分散,造成结构失稳。黏土表面所带电荷分为结构电荷和表面电荷两种。表面电荷一般由黏土矿物表面的化学变化造成,受介质的 pH 值变化影响。在碱性介质中,黏土晶面相互排斥而分散,在流体作用下易产生运移,堵塞喉道,降低储层渗透率。

(2)高 pH 值碱液对黏土矿物及石英、长石等矿物有溶解作用。高 pH 值(pH>9)的碱液可与高岭石、石英发生溶解作用生成胶体或沉淀影响储层渗透率。由于反应形成了 H_4SiO_4,在高温及 pH>9 的条件下,其与高岭石反应形成蒙脱石,造成对储层的进一步伤害。高 pH 值(pH>9)的碱液还与长石在一定条件下发生水解反应,生成高岭石与石英,高岭石与石英又可与高 pH 值(pH>9)的碱液反应生成沉淀,这种矿物间的循环反应,使得储层渗透率降低。

(一)实验流体

采用与地层水相同矿化度的氯化钾溶液,无地层水资料的可选择 8%(质量分数)氯化钾溶液作为实验流体。

(二)改变 pH 值的碱液选择

研究表明,黏土矿物在不同类型碱中的溶解量大小顺序为 $NaOH>KOH>Na_2CO_3>NaHCO_3$。由于 CO_3^{2-}、HCO_3^- 及 SiO_4^{2-} 与储层岩石的反应复杂,体现了多种因素的影响,而本项实验仅考虑 pH 值对储层岩石渗透率的影响,因此,选择用氢氧化钠溶液或氢氧化钾溶液来改变实验流体的 pH 值。

(三)操作步骤

1. 实验准备

实验准备参照流速敏感性评价实验执行,实验流速的选择参考流速敏感性评价实验结果。不同碱液的配制:pH 值从 7.0 开始,调节氯化钾溶液的 pH 值,并按 1~1.5 个 pH 值单位的间隔提高碱液的 pH 值,一直到 pH 值为 13.0。

2. 实验过程

用与地层水相同矿化度的氯化钾溶液测定初始渗透率。向岩样中注入已调好 pH 值的碱液,驱替 10~15 倍岩样孔隙体积后停止驱替,使碱液充分与岩石矿物发生反应 12h 以上;再用该 pH 值碱液驱替,测量液体渗透率。碱液注入顺序按由低到高进行,实验过程中实验流速保持一致。重复以上规定操作,直到 pH 值提高到 13.0 为止。

3. 岩芯渗透率的测定要求

按要求测量压力、流量、时间及温度,待流动状态趋于稳定后,记录检测数据。

(四)数据处理

由碱敏感性引起的碱敏损害率的计算公式为

$$D_{sa} = \frac{\overline{K_i} - \overline{K_s}}{\overline{K_i}} \times 100\% \tag{4-38}$$

式中:D_{sa} 为碱敏损害率,%;$\overline{K_s}$ 为碱处理后实验流体所对应岩样渗透率,$10^{-3}\mu m^2$;$\overline{K_i}$ 为初始(水敏实验中初始测试流体所对应岩样渗透率)渗透率,$10^{-3}\mu m^2$。

(五)评价指标

碱敏损害程度评价指标见表 4-10。

表 4-10 碱敏损害程度评价指标

渗透率损害率/%	损害程度
$D_{sa} \leqslant 5$	无
$5 < D_{sa} \leqslant 30$	弱
$30 < D_{sa} \leqslant 50$	中等偏弱
$50 < D_{sa} \leqslant 70$	中等偏强
$D_{sa} > 70$	强

(六)绘制实验曲线

以 pH 值为横坐标,以不同 pH 值碱液对应的岩样渗透率与初始渗透率的比值为纵坐标,绘制碱敏感性评价实验曲线。

(七)临界 pH 值的判定

岩石渗透率随流体碱度变化而降低时,岩样渗透率变化率 D_{sa} 大于 20% 时所对应的前几个点的流体 pH 值为临界 pH 值。

(八)注意事项

(1)由于实际油藏油水性质与室内实验流体性质的差异性,碱敏实验所得的实验结果与实际油藏有一定的偏差。

(2)临界 pH 值的确定与碱敏感性评价实验中 pH 值间隔的选择密切相关,不同 pH 值间隔的碱敏感性实验其临界 pH 值会有所差别。

(3)岩样变换不同 pH 值碱液驱替时,驱替不同 pH 值碱液 10～15 倍后,岩样渗透率保持稳定,可不用进行不同 pH 值碱液浸泡过程。直接进行其他 pH 值碱液驱替实验。

(4)碱液对人体有一定的危害,进行本实验时必须配备防护措施。

六、应力敏感性评价实验

(一)概述

在油气藏的开采过程中,随着储层内部流体的产出,储层孔隙压力降低,储层岩石原有的受力平衡状态发生改变。根据岩石力学理论,从一个应力状态变到另一个应力状态必然要引起岩石的压缩或拉伸,即岩石发生弹性或塑性变形,同时,岩石的变形必然要引起岩石孔隙结构和孔隙体积的变化,如孔隙体积的缩小、孔隙喉道和裂缝的闭合等,这种变化将大大影响到流体在其中的渗流。因此,岩石所承受的净应力改变所导致的储层渗流能力的变化是储层岩石的变形与流体渗流相互作用和相互影响的结果。

应力敏感性评价实验的目的在于了解岩石所受净上覆压力改变时孔隙喉道变形、裂缝闭合或张开的过程,以及其导致岩石渗流能力变化的程度。

储层性质(岩石组成和岩性、胶结和蚀变的程度、胶结物类型、孔隙结构、颗粒分选性及接触关系等)是影响应力敏感性伤害程度的内在因素,孔隙中流动介质性质、孔隙压力变化规律等是影响应力敏感性外在因素。在实验过程中要根据实际油气藏的具体情况选取初始渗透率的测定条件以及加载方式等实验条件。

(二)获取净应力变化的实验室方式

1. 围压变化方式

岩芯出口通大气,实验过程中保持岩芯进口压力不变,通过改变围压的大小来实现岩芯所承受的净应力的变化。围压变化方式对实验装置的技术指标要求相对较低,实验操作相对简单,实验中增加的净围压首先作用于岩石的骨架颗粒上,模拟条件与实际油气藏有一定的差距。

2. 回压变化方式

围压模拟储层的上覆岩层压力,实验过程中围压大小不变,岩芯出口加回压,初始回压大小与原始储层压力相同,通过改变回压的大小来实现岩芯所承受的净应力的变化。回压变化方式对整套实验装置的压力指标要求高,操作也相对复杂,回压降低导致的净围压增加首先作用于岩芯孔隙周围的骨架颗粒上,模拟实验条件更接近于实际油藏。

(三)实验流体

实验流体类型不同对应力敏感性评价实验的结果有影响。岩石饱和不同流体时其应力应变规律不同,因此,进行应力敏感性评价实验时,应尽量使用对应储层的岩芯,根据储层类型及所处的不同开发阶段,分别选用气体、氯化钾溶液、中性煤油作为实验流体。

如果研究对象是气藏,可采用空气或氮气作为流动介质进行应力敏感性评价实验。如果研究对象是油藏,在储层未投入开发前或开发初期,采用中性煤油作为实验流体进行应力敏感性评价实验;如果研究开发后期油藏,注水井及采油井含水饱和度较高,可直接采用与地层水矿化度相同的氯化钾溶液作为实验流体,无地层水资料时可选择8%(质量分数)氯化钾溶液作为实验流体。

(四)实验步骤

1. 实验准备

(1)按照规定计算岩芯所处地层的净上覆压力,以此压力为岩芯的初始净应力值。实验中最大净应力值依据储层实际情况进行选择。

(2)用氯化钾溶液、中性煤油做实验流体时,缓慢将净围压调至初始净应力值。

(3)用气体做实验流体时,参照中华人民共和国石油天然气行业标准执行。

(4)实验流体驱替方式可根据实际情况采用恒速方式或恒压方式,其数值的选择参考流速敏感性实验结果。

2. 实验过程

以初始净应力为起点。按照设定的净压力值缓慢增加净应力,净应力加至最大净应力值时停止增加。净应力间隔可参照 2.5MPa、3.5MPa、5MPa、7MPa、9MPa、11MPa、15MPa、20MPa 执行,也可根据油田实际情况及实验研究需要进行选择,设定的净应力点不应少于 5个。在每个设定净应力点处应保持 30min 以上。净应力加至最大净应力值后,按照实验设定的净应力间隔,依次缓慢降低净应力至原始净应力点。在每个设定净应力点处应保持 1h 以上。

3. 渗透率测定要求

记录测量压力、流量、时间及温度,待流动状态趋于稳定后,记录检测数据。

(五)数据处理

由应力敏感性引起的应力敏损害率的计算公式为

$$D_\sigma = \frac{\overline{K_i} - \overline{K_\sigma}}{\overline{K_i}} \times 100\% \qquad (4-39)$$

式中:D_σ 为不可逆应力敏损害率,%;$\overline{K_\sigma}$ 为恢复到初始净应力点时对应岩样渗透率,10^{-3} μm^2;$\overline{K_i}$ 为初始渗透率(初始测试流体所对应岩样渗透率),10^{-3} μm^2。

(六)评价指标

应力敏损害程度评价指标见表 4-11。

表 4-11 应力敏损害程度评价指标

渗透率损害率/%	损害程度
$D_\sigma \leqslant 5$	无
$5 < D_\sigma \leqslant 30$	弱
$30 < D_\sigma \leqslant 50$	中等偏弱
$50 < D_\sigma \leqslant 70$	中等偏强
$D_\sigma > 70$	强

(七)注意事项和应用局限

(1)由于实际油藏油、水性质与室内实验流体性质的差异性,应力敏感性评价实验所得的实验结果与实际油藏有一定的偏差。

(2)应力敏感性评价实验中岩样受净应力压缩有所变形,而计算渗透率时仍然按照未压缩前岩样参数(如直径)进行,因此实验所得渗透率要小于实际岩样的渗透率,这种情况对于疏松岩样尤为明显。

(3)对于低渗透率岩样应力敏感性评价实验来说。如果实验驱替压差相对较高,会造成岩样入口端与出口端所受净围压差别较大,对实验结果有一定影响。因此,应尽量选择长度较短的低渗透率岩样进行应力敏感性评价实验,或选择较低的驱替压差。

(4)对于低渗透率样品来说,部分岩样渗透率受应力影响变化较大,若采用恒速方式进行应力敏感性评价实验,会造成岩样的压力梯度发生变化,对实验结果有一定影响。因此建议采用恒压方式对低渗透率样品应力敏感性评价实验。

(5)临界应力的确定与应力敏感性评价实验净应力间隔的选择密切相关,不同净应力间隔的应力敏感性实验其临界应力的值会有所差别。

(6)温度与压力对气体的性质影响较大,因此测试气体渗透率时应按测试点下温度和压力的气体性质参数进行计算。

第七节 核磁共振实验方法介绍

核磁共振(NMR)是指核磁矩不为零的核,在外磁场的作用下核自旋能级发生塞曼分裂,共振吸收某一特定频率的射频辐射的物理过程。

一、实验目的

(1)了解核磁共振的基本原理与基本结构。
(2)学习核磁共振操作方法与图谱分析。
(3)了解核磁共振在实验中的具体应用。

二、实验原理

核磁共振现象来源于原子核的自旋角动量在外交磁场作用下的运动。根据量子力学原理,原子核和电子一样,也具有自旋角动量,其自旋角动量的具体数值由原子核的自旋量子数决定。

核磁共振的研究对象为具有磁矩的原子核。原子核是带正电荷的粒子,其自旋运动将产生磁矩,但并非所有同位素的原子核都有自旋运动,只有存在自旋运动的原子核才具有磁矩。原子核的自旋运动与自旋量子数 I 有关。$I=0$ 的原子核没有自旋运动,$I \neq 0$ 的原子核有自旋运动。

原子核可按 I 的数值分为以下 3 类:

(1) 中子数、质子数均为偶数,则 $I=0$,如 ^{12}C、^{16}O、^{32}S 等。

(2) 中子数、质子数其一为偶数,另一为奇数,则 I 为半整数,如 $I=1/2$,^{1}H、^{13}C、^{15}N、^{19}F、^{31}P 等;$I=3/2$,^{7}Li、^{9}Be、^{23}Na、^{33}S 等;$I=5/2$,^{17}O、^{25}Mg、^{27}Al 等;$I=7/2$,$I=9/2$ 等。

(3) 中子数、质子数均为奇数,则 I 为整数,如 ^{2}H、^{6}Li、^{14}N 等。

以自旋量子数 $I=1/2$ 的原子核(氢核)为例,原子核可当作电荷均匀分布的球体,绕自旋轴转动时产生磁场,类似一个小磁铁。当置于外加磁场 H 中时,相对于外磁场,可以有 $(2I+1)$ 种取向。

氢核($I=1/2$)的两种取向(两个能级)(图 4-9):① 与外磁场平行,能量低,磁量子数 $m=+1/2$;② 与外磁场相反,能量高,磁量子数 $m=-1/2$。

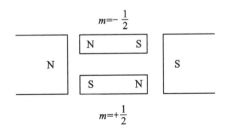

图 4-9 原子核两种取向能级

正向排列的核能量较低,逆向排列的核能量较高。两种运动取向不同的氢核之间的能级差 $\Delta E = \mu H_0$(μ 磁矩,H_0 外磁场强度)。一个核要从低能态跃迁到高能态,必须吸收 ΔE 的能量。让处于外磁场中的自旋核接受一定频率的电磁波辐射,当辐射的能量恰好等于自旋核两种不同取向的能量差时,处于低能态的自旋核吸收电磁辐射能跃迁到高能态,这种现象称为核磁共振。

基本量:

自旋角动量 P,表示原子核自旋运动特征的矢量参数。

核磁矩 μ,表示自旋核磁性强弱特性的矢量参数。

自旋量子数 I,取决于原子核的质量数,用于表征原子核性质时,不仅决定原子核有无自旋角动量,还决定原子核的电荷分布、NMR 特性以及原子核在外磁场中能级分裂的数目等。

磁旋比 γ,是核磁矩与自旋角动量之间的比例常数,是原子核的一个重要特性常数。

弛豫,通过无辐射的释放能量途径,核从高能态回低能态的过程。

三、实验仪器

400MHz 超导傅里叶变换核磁共振波谱仪(仪器型号:AVANCE Ⅲ 400)如图 4-10 所示。

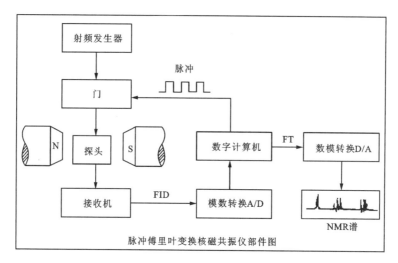

图 4-10　核磁共振仪部件示意图

该仪器可分为操作控制台、机柜、磁体系统三大部分。

(1)操作控制台:计算机主机、显示器、键盘和 BSMS 键盘。

计算机主机运行 Topspin 程序,负责所有的数据分析和存储。BSMS 键盘可以让用户控制锁场和匀场系统及一些基本操作。

(2)机柜:AQS(采样控制系统)、BSMS(灵巧磁体系统)、VTU(控温单元),以及各种功放。

AQS 各个单元分别负责发射激发样品的射频脉冲,并接收、放大数字化样品放射出的 NMR 信号。AQS 控制谱仪的操作,这样可以保证操作不间断从而保证采样的真实完整。BSMS 可以通过 BSMS 键盘或者软件进行控制,负责操作锁场和匀场系统以及样品的升降、旋转。

(3)磁体系统:自动进样器、匀场系统、前置放大器(HPPR)、探头。

本仪器所配置的自动进样器可放置 60 个样品。磁体产生 NMR 跃迁所需的磁场。室温匀场系统被安装在磁体的下端,是一组载流线圈,通过补充磁场均匀度来改善磁场一致性。探头的功能是支撑样品,发射激发样品的射频信号并接收共振信号,探头被插入到磁体的底部,位于室温匀场线圈的内部。同轴电缆把激发信号从控制放大器传送至探头,并把 NMR 信号从样品处传回到接收器。

四、实验步骤

(一)样品制备

对于固体样品,如果使用 5mm 样品管,按照丰度,氢谱质量分数为 5%～10%,碳谱为 20%左右。^1H-NMR 谱样品几毫克至几十毫克,对于 $^{13}C-NMR$ 谱则要适量增加样品质量。加入 0.5mL 左右氘代试剂,混合均匀,用生料带封住管口,减少溶剂挥发,盖上核磁管帽,做好标记。

(二)样品手动检测

(1)开机:打开计算机、主机、辅助设备。

(2)进入操作界面,利用相关软件进行试验参数的设置。

(3)进样:将样品管插入转子,定深量筒控制样品管插入转子的深度。确保样品与量筒内的线圈对齐。

(4)样品的升降是由一股压缩空气控制的。按下 BSMS 键盘上的 LIFT 键,可以听到气流的声音,取下前一个样品,把新样品放到气垫上,再次按下 LIFT 键,样品会缓慢落进磁体,精确进入探头中的位置。在往磁体中放入样品前,需确认存在气流(可以听到气流声)。

(5)在命令行输入指令 edc,对新样品进行命名。

(6)在命令行键入 lock 命令,并选择相应的溶剂。根据样品配置所用的氘代试剂。

(7)锁场完成后,在命令行输入指令 atma,进行调谐。

(8)调谐完成,在命令行输入 topshim,可以进行自动匀场,也可以进行手动匀场,具体操作是在 BSMS 键盘进行调整。磁场是三维的,所以匀场项的名称使用 XYZ 坐标系来反应相应的代数功能。

(9)命令行输入 rga。自动设定接收机增益。

(10)命令行输入 ns。设定扫描次数。

(11)命令行输入 zg。系统开始采集数据。

(12)数据采集完成,在命令行输入 efp,将采集结果进行傅里叶变换。输入 apk,进行自动相位校正。输入 absn,进行基线校正。

(13)对谱图进行定位、标峰、积分处理,打印谱图。实验结束,关闭相关软件及计算机。

(三)样品自动检测

(1)在计算机上打开自动进样器控制系统 Icon NMR:automation。

(2)将样品管插入转子,定深量筒控制样品管插入转子的深度。擦拭干净后放入自动进样器,记录样品编号。

(3)在自动进样器控制系统内双击对应样品编号进行设置:Name、No.、Solvent、Experiment、Par。设置完成后 submit,点击 start,仪器将自动完成测定。

(4)在实验记录本上对所做实验进行记录。

(5)测定结束后从自动进样器上取下样品。

五、注意事项

(1)频率调节应参考提供的频率仔细寻找,电位器使用时应慢慢旋转,速度过快,核磁共振信号会在瞬间闪失。

(2)样品必需安置在磁场的均匀区内。必须认真仔细观测信号随样品位置上下、左右的变化,力求取得最佳效果。

致　谢

　　书稿终告段落,掩卷思量,饮水思源,在此谨表达自身的殷切期许与拳拳谢意。"油(气)层实验"是一门具有严密思想体系与发展传承的方法学科,要求在对原理理解的前提下,熟悉各个步骤的目的意图,尽量避免或减少人为和系统误差。在著书过程中,作者深感"学无止境"与"力有不逮"。首先,感谢参与本实验指导书编撰工作的于龙教授和张冬梅高级工程师。两位老师正直刚毅的人格魅力、严谨务实的学术精神、卅年如一日的专注态度,为本书奠定了理论基础和实践经验;感谢张冬梅高级工程师,她对油(气)层物理学实验教学的经久热忱、诲人不倦的师德激励作者在该学科的教学工作中奋勇向前。在书籍撰写过程中,张老师在仪器使用及结果分析上的耳提面授、挑灯修改给作者以无限的激励与帮助。其次,本书撰写离不开众多特色鲜活的实物图片和清晰明了的流程图,在此感谢研究生罗安坚、唐正印及尧庆军。最后,感谢本书得以付梓的幕后英雄,包括蔡忠贤教授,以及中国地质大学(武汉)出版社的易老师,你们在理论基础、资金资助、封面设计、文字校对、文稿润色、出版安排等方面的工作给作者带来巨大的帮助与启发。谢谢你们!

主要参考文献

李爱芬,2015.油层物理学(第3版)[M].青岛:中国石油大学出版社.

沈平平,2000.油层物理实验技术[M].北京:石油工业出版社.

中华人民共和国国家发展和改革委员会,2008.岩石中两相流体相对渗透率测定方法:SY/T 5345—2007[S].北京:石油工业出版社.

中华人民共和国国家发展和改革委员会,2008.油藏岩石润湿性测定方法:SY/T 5153—2007[S].北京:石油工业出版社.

中华人民共和国国家质量监督检验检疫总局,中国国家标准化管理委员会,2017.页岩甲烷等温吸附测定方法第1部分:容积法:GB/T 35210.1—2017[S].北京:中国标准出版社.

中华人民共和国国家质量监督检验检疫总局,中国国家标准化管理委员会,2020.页岩甲烷等温吸附测定方法第2部分:重量法:GB/T 35210.2—2020[S].北京:中国标准出版社.